可怜的我，可恶的你

阿德勒勇气心理学 带你揭下面具看透烦恼

[日]岸见一郎 著

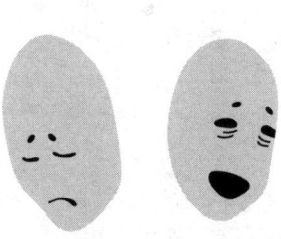

华夏出版社

图书在版编目（CIP）数据

可怜的我，可恶的你：阿德勒勇气心理学带你揭下面具看透烦恼 /（日）岸见一郎著；颜翠译. -- 北京：华夏出版社，2019.5（2019.9重印）
ISBN 978-7-5080-9712-1

Ⅰ.①可… Ⅱ.①岸… ②颜… Ⅲ.①心理学 – 通俗读物 Ⅳ.①B84-49

中国版本图书馆CIP数据核字(2019)第042146号

KOMATTA TOKI NO ADLER SHINRIGAKU
© Ichiro KISHIMI 2010
Originally published in Japan in 2010 by Chuokoron-Shinsha, Inc.TOKYO,
Chinese(in simplified character only) translation rights arranged with Chuokoron-Shinsha, Inc.
through TOHAN CORPORATION, TOKYO, andYOUBOOK AGENCY,CHINA, BEIJING.

版权所有，翻印必究。
北京市版权局著作权登记号：图字01-2016-3466号

可怜的我，可恶的你：阿德勒勇气心理学带你揭下面具看透烦恼

著　者	[日]岸见一郎	
译　者	颜　翠	
选题策划	陈　迪	
责任编辑	陈　迪　赵　楠	

出版发行　华夏出版社
经　　销　新华书店
印　　刷　三河市少明印务有限公司
装　　订　三河市少明印务有限公司
版　　次　2019年5月北京第1版　2019年9月北京第2次印刷
开　　本　880×1230　1/32开
印　　张　7.25
字　　数　140千字
定　　价　42.00元

华夏出版社　网址:www.hxph.com.cn 地址：北京市东直门外香河园北里4号 邮编：100028
若发现本版图书有印装质量问题，请与我社营销中心联系调换。电话：（010）64663331（转）

前言 "船到桥头自然直"

来进行心理咨询的人基本上都是带着一脸严肃的表情开口。诚然,其中也不乏令人闻之涕零的故事,但如若不能将自己置身事外,不能与困扰自身的问题拉开一定距离,那么就无法发现解决问题的突破口。我在做心理咨询时,无论是多么具有话题性的痛苦的内容,我都不希望全程都保持着严肃的气氛。

碰到问题如何去思考,为了解决问题要做什么?这些必须都要严谨且深入地去思考。但要明白,严谨与严肃,是完全不同的两件事。即使皱着眉头、流着泪水,也仍然解决不了问题。我们需要冷静地将自身从问题的漩涡之中稍稍抽离开来,重新审视所出现的问题。

我在做心理咨询、演讲或是在教学中回答别人提出的问题时,主要的理论依据来自澳大利亚精神科医生阿尔弗雷德·阿德勒(1870—1937)所创立的"个人心理学"(Individual psychologie,individual psychology）。在日本我们取创始人的名字，一般称之为"阿德勒心理学"。阿德勒是和弗洛伊德（西格蒙德·弗洛伊德，1856-1939，奥地利精神病医师、心理学家、精神分析学派创始人）、荣格（卡尔·荣格，1875-1961，瑞士心理学家）同时代的人，并且他还加入了弗洛伊德的维也纳精神分析学会，是一位十分活跃的核心成员。但二人因在学术见解上产生意见分歧之后，他与弗洛伊德就割袍断义了。

阿德勒认为，人类的烦恼实际上全都是人际关系的烦恼。阿德勒心理学聚焦于人际关系，是简单且实践性高的心理学。所以针对那些人际交流、人际关系受挫、人与人之间性格不合如何交往等问题，该理论可谓提供了简单易了的方向指南。

我在本书中利用各种实际的例子来进行探讨，引导你如何从严肃的思考中脱离开来、摆脱无能为力的绝望感，帮你点燃"船到桥头自然直"的希望。

在此，我有几点想要顺托各位。

首先，因为想看答案而将此书捧在手里的人，我更希望您能够更加关注得出这些答案的思路和解决问题的方法。

这是因为，就算按照我所说的方法解决了眼下的问题，但若不了解这个方法为何能够行之有效的话，等其他问题发生时你就无法将这些办法活学活用。就像是如果不充分理解公式，只单单死记硬背这道题的答案，是学不好数学和物理一样的道理。

其次，本书中列举了许许多多的例子，但请不要认为这些例子跟您毫无关系，我希望您能够借由这些例子，设身处地理解一下那些和您身处不同立场和不同生活的人所选择的生存方式。例如，年轻人原本以孩子的角度看待父母，但如果了解父母所直面的问题，从父母的角度出发就能够理解了。当然，父母也可以反过来从孩子的角度出发，了解孩子是如何看待父母的。

本书并不是还原心理咨询的场景。因此，来咨询的人如何解决问题、能够领悟到多少，这些过程完全不可追寻。如果是心理咨询的现场，倾诉者的话语比较难以理解，心理咨询师则可以要求对方再说明一下，或者追问一些更加详细的情况，从而帮助倾诉者解决困扰。但本书所运用的一问一答的形式，则无法达到此效果。

但是，本书的重点并非针对不同问题的答案，而是希望您能领会得出答案的思路和解决问题的方法。即使这种一问一答的形式有所限制，但我想这个目的还是可以达到的。虽然有可能一时半会儿得不出答案，也有可能得出的答案并非针对问题的本质，但至少思考得出答案的这个过程是具有意义的。

不论何人、有何种烦恼，都可以前来咨询。但有时候会有一些令人哭笑不得的咨询，例如当下还没有形成任何实际的烦恼，却好像问题非常急迫；又或者咨询的事情并不适合在此谈论等等。

曾经有过这样一个例子，"正要出门来咨询室的时候，孩子对我说'妈妈在做心理咨询的时候我有可能死掉哦'"。然后在咨询的中途患者的电话就响了。

"心理咨询的时候咱们还是把手机关机吧？""不行的啦，我们家小孩……"如果这位母亲在做心理咨询的时候关闭手机电源，那么那一瞬间她对孩子的想法就会改变。从而父母孩子之间的关系也会随之产生变化。想要帮助他人的人，首先必须要让自身先冷静下来，这样才能够清楚地知晓哪些是自己可以做的，哪些是做不到的。

接下来在本书第一章中，围绕如何寻找解决问题的头绪，向您阐述阿德勒心理学最基本的思考方式。在其他章节中主要围绕人际关系这个命题，提出实际的例子并具体解答。本书中列举的所有例子，全都是来自我在演讲和教学中碰到的实际问题。

我高中时认识的哲学老师曾说过，教学就是使人高兴的谈话。教学内容汲取古今中外的思想，所以这并非一件简单的事。以前一旦我显露出今天上课内容好难的念头时，我的老师似乎能一眼识破我的想法，从而对我说道："没关系，我来解释一下你们就懂了。"实际上也确实如老师所言,我们会沉浸在老师的说明当中,总是感叹为何时间流逝得如此之快。

若您也能愉快地阅读本书,将荣幸之至。

目录

第一章 什么是阿德勒心理学   001

即便焦虑亦无济于事   002
为何烦恼呢？   002
勿将过去作为问题   004
抛却"可恶的你、可怜的我"的想法   005
此时此刻，能做些什么呢？   006
能够改变的只有自身   008

第二章 为自我烦恼   011

阿德勒认为，性格是由自己造就的   013
所谓自由生存的代价   018

为什么我们在意他人评价	021
为什么会感到压力？	024
你的长期目标和短期目标是什么？	028

第三章　为朋友关系烦恼　　　　　　　031

围绕两种可能性来思考	033
不需要特别的反应	036
自己认为理所当然之事……	041
你喜欢你自己吗？	045
为了不辜负这个瞬间的人生	047

第四章　为职场关系烦恼　　　　　　　051

关系不近就不要帮忙	053
"忠告"与"呵斥"	055
只注重"内容"	060

父母、上司、同事的不同之处　　　　　　064
自己的人生由自己去过　　　　　　　　　067

第五章　为恋爱关系烦恼　　　　　　　　071

这世上有两件事无法强迫　　　　　　　　073
"信任"与"信用"有何不同　　　　　　　076
不要介入权力之争　　　　　　　　　　　082
只专注于眼下　　　　　　　　　　　　　085
愤怒是一种离间的情绪　　　　　　　　　089
忘记下一次见面约定的心理　　　　　　　092
笨拙的言语也未尝不可　　　　　　　　　095

第六章　为夫妻、伴侣关系烦恼　　　　　097

一段打了"预防针"的感情　　　　　　　099
是真的"无法忘记"吗？　　　　　　　　102

冷落发怒时的丈夫　　　　　　　　　　　106
无条件地接受对方　　　　　　　　　　110
当成不熟悉的对象去交往才安全　　　　117

第七章　为亲子关系烦恼　　　　　　　119

父母无法介入孩子的自身课题　　　　　121
所谓"不过分干涉的守护"的距离　　　125
介入他人的课题　　　　　　　　　　　130
我们总是戴着面具　　　　　　　　　　134
关于养育孩子的最终目标　　　　　　　140
只改变自己就好　　　　　　　　　　　145
不需要预先给予帮助　　　　　　　　　153
家长一旦觉悟，关系则可以改善　　　　160
有些孩子把欺负同学作为王牌　　　　　168
要下决心去改善关系　　　　　　　　　171
只要把他当成初次见面的人就好　　　　178
"但我不这么认为"　　　　　　　　　182

试着和棘手的人来往看看	187
子女的课题、父母的课题	192
父母认为自己必须要做些什么	195
规则的制定与目的	201
不要对父母有所期待比较好	209
寻求自立的勇气	212

后记 215

第一章

什么是阿德勒心理学

即便焦虑亦无济于事

即使苦恼焦虑,也解决不了任何问题。例如,明知道要迟到了,却无法联系上对方。于是你在乘车的时候就会忍不住去揣测,他到底有没有在等我呢?他没有生气吧?但即使你如此焦虑,你也不可能提早一秒到达目的地。与其如此,倒不如在乘车时多看看窗外的风景,让心情保持轻松。

为什么不能焦急呢?既然已经注定要迟到了,我想让对方明白我也非常焦急。明明都迟到了,还一脸微笑是不道义的吧?

那既然对方是在等你的话,只要在碰面时表现出一脸歉意就可以了。在路上一直处于焦虑状态并没有意义。

为何烦恼呢?

歌德有一句名言,人类因奋斗而烦恼(注:原意为人类因奋斗而犯错,这里作者稍稍改变了说法)。大意是说,认真努力生存的人无法避开苦难。

活在这个世上,从没有任何烦恼的人是不存在的吧?再往深一层思考,对于人生一帆风顺、自信满满的人来说,我认为这正是一个很好的机会可以领略不同的人生真谛。在与他人的关系上摔过跟头的人,例如失恋过的人,就会更加明白,别人并不同于自己的想象。这类人生活的世界,和那种觉得只要是自己想要的东西不费吹灰之力就可以获得的人的世界相比,是完全不一样的。

但是,这并不意味着我们就要刻意地将这种痛苦变得更严重。如果不将烦恼和痛苦之事作为人类成长必需的食粮,那就会让自己越来越懈怠,从而渐渐停止向前迈的脚步。这种时候,如果是阿德勒的话,他肯定会这么说:"并非因苦痛而无法前行,而是因无法前行而痛苦。"如果事先主观上就做好了无法前行的心理准备,烦恼正是来自于不得不做出该种心理选择,这就是阿德勒的思想。

如果前来咨询的人一脸严肃,而我对对方说"真是太可怜了"之类的话,那么从心理咨询的开始到结束有可能全程都充斥着悲伤的气息。如果患者来倾诉:"我老公在外头找了个情人,天天不着家,光靠我一个女人拉扯大孩子……"而假如我附和她的话,那么心理咨询结束后,或许她会"感觉浑身都轻松"地回家去了。

当然,心理咨询最基本的一项就是倾听别人说话,所以认真倾听这件事儿没必要拿出来特地强调。但如果只是单纯地倾听,那么咨询者的人生在心理咨询前后并不会发生任何变化。一边流着泪,一边满足于有人能倾听自己迄今为止遭遇的痛苦经历,恐怕痛苦的人生不会有一丝一毫的变化。

但如果前来咨询的人确实抱有想要改变现有人生的意愿，我希望哪怕仅仅通过一次心理咨询，让他们似乎能够看到不同的人生。就算并不能立马解决问题，我也希望能够让他们觉得改变人生并不是毫无办法。

勿将过去作为问题

要做到这一点，首先，要放弃从过去寻找现如今所面临问题的起因。如果一对父母抱着"三岁看老"的想法，认为"现在不好肯定是三岁的时候没教好"，这样的人即便做完心理咨询也不会有任何起色。

问题是什么时候、如何产生的呢？前来咨询的人会不断纠结于如此细节的东西。我以前曾在私人医院的精神科工作过，工作内容之一便是在医生的指示下询问患者的成长经历。

有时候有些患者甚至会追溯到父母那一辈的事情，然后开始滔滔不绝地诉说。直到第三次心理咨询的时候终于把过去说完了，就在我以为总算要开始说自己的事儿的时候，往往接下来会听到这样的话："接下来说说我妈妈那边的事情……"我真是差点昏倒过去。

后来我从医院离职，自己开始做心理咨询之后，我几乎再也不会去打听患者的过去。理由很简单，无论过去经历过什么，挖掘过去发生的事，对于解决目前的问题起不到任何一点作用。迄今为止，不管对孩子做了多么过分的事情，需要考虑的是现在及以后该怎么做。

喜欢诉说过去的人，潜意识当中是将现在所面临的问题的责任推卸给了过去所发生的事。似乎因为那个时候发生了那件事，所以才造就了如今这副模样。但有一点是很明确的，那就是我们回不到过去，也无法改变历史。

抛却"可恶的你、可怜的我"的想法

其次，要抛却责怪他人的想法，停止抱怨自己有多么多么痛苦。心理咨询师如果说了类似"真是太可怜了"之类的话，那么无形中就坐实了"我"所做的事情都是正确的。而你想要责怪的可恶之人，有可能是你的父母，也有可能是你的孩子。但是，一旦认为自己是对的，就会与他人进入到对错之争的境地。这种状态劳神劳力却又毫无作用。

假如你想要改变人际交往的现状，就必须将"我是对的"这种想法束之高阁。就算你能证明你是对的，那时候你的周围已经没有任何朋友了，所以这种想法是毫无意义的。

此外，对于自己所处境地持悲观态度，烦恼、自怜也不会帮助你向前迈出一步。所以为什么会烦恼呢？恕我直言，这是因为你无法做出决定。若有多种选项可供选择的话，若不从中任选一个，就无法破开僵局朝前迈进。

人正是为了能拖延做决定而烦恼。

只要我在烦恼，那么不做出决定也可以。反过来说，就是如果停止烦恼的话，那么就必须即刻做出决定。

停止对错之争，停止烦恼，我希望你能想想，此时此刻自己能做些什么。

此时此刻，能做些什么呢？

当你停止了针锋相对，停止了烦恼，开始考虑自己能做些什么，你会如何去思考呢？必须要有一个明确的方向。

首先，如您所见，要思考"现在"可以做些什么，就不能把现在的问题和过去扯上关系。其次，要理清楚现在所发生的问题属于谁的课题范围，如果不是自己的课题的话，那就暂且搁置一边什么都不做吧。

这里提到的"课题",大意如下:

一件事情的结果最终会落在谁的身上?最终的责任必须由谁来承担?如果顺着这个思路,那么一件事情会是属于谁的课题就清楚了。举个例子,学习与否是属于孩子的课题。如果不好好学习的话,那么结果就会落在孩子的身上,不学习的责任,只能由孩子自己来承担。这里所指的孩子的课题,原则上是父母不可以插手干涉的。

在此,需要注意的有两点。

其一,如果肆意插手他人的课题,会导致关系恶化。对不学习的孩子说"快去学习",就是一个很好的例子。学习或是不学习,这是孩子自身的课题。所以孩子不学习的话,父母也没什么能帮得上忙的。所以父母烦恼着属于孩子的课题,这就变得毫无必要了。

其二,解决问题的线索只能是从自己的课题中寻找。两个小孩子打架的时候,父母总是希望做点什么令他们停止打架。但打架是两个小孩自身的课题,父母不能勒令他们停止打架。此外,小孩子不想去学校这也是属于孩子本人的课题,心理咨询师和父母想让小孩去学校这件事情,逻辑上这也是做不到的。

若是用下面这种方法来探讨问题的话,就可以得到解决问题的线索。换个方向思考一下,这两个小孩在"我的跟前"打架,是不是想向我申诉什么呢？孩子们不躲到没人的角落打架，似乎是想要引起围观人的某种反应。

发现行为的目的是阿德勒心理学区别于其他心理学的最大特征。

出现某个问题时，我们并不从过往的事情来探究起因。了解家长的问题很简单，但即使我们为家长指出这一点，也并不能帮到他们。看到孩子不去上学，父母会是什么心情呢？不如从这一角度出发，思考一下和孩子有什么关联。

利用这种思考问题的方式，我希望您在直面目前所面临的问题时也不会产生束手无策的绝望感，反而能够拥有一种希望："局面总会不一样的"，确切来说是——"判者总有解决的办法"。

能够改变的只有自身

还有一点需要注意的是，能够改变的只有自己。改变他人，基本上是行不通的。我们无法去改变对方，但我们可以改变自己。

人类并不是生存于真空中，肯定会被各种各样的人际关系所围绕。我们所有的语言和行为，全都是以他人为前提，对他人施加影响，并引起他人的某种反应。

世界上没有人在所有人面前都是千篇一律的模样。

在亲人面前的自己与在学校和职场中的自己，肯定是大不相同的。一个人在不同的人面前往往会呈现出不同的一面，对不同的人如果不改变打交道的方式，那这个人的人际交往就会成难题了吧。

实际上人与人之间关系的改变，既会影响别人，又同时会影响自己。虽然我上面说的是能改变的只有自己，但假如按照这个设定，我们先改变了自身，那么相应的，对方或多或少也不得不做出改变。

我在想，为了改变他人而去改变自己这个观点是错误的。但是假如我们改变了自己的言语行为，对方也随之变化，却也是存在这种可能性的。为了改变他人而去改变自己，这是主导型的思维方式，但也并不是说就要继续忍耐。自己率先做出改变，就算并非可以立即实现想要的结果，但至少可以以此作为改善周边关系的开端。

第二章 为自我烦恼

我讨厌我自己

　　我性格阴沉又畏畏缩缩,所以与人交往总是不顺畅。就连一开始对我表达友善的朋友最终也都离开了。我自己都没法喜欢这样的自己。

阿德勒认为，性格是由自己造就的

我想，敢说非常喜欢自己的人并不多吧。有的人不好意思说自己的优点，听到别人能将自己优点娓娓道来会很惊讶，自己无论如何也做不出来夸自己的事儿。

我还在上小学那会儿，每个学期期末下发给学生的通知书上都会写着学生的优点和缺点。我的缺点我自己一清二楚，所以并不否认通知书上的缺点部分，反而觉得自己果然就是那样的差劲从而感到沮丧。而优点部分，我认为肯定是因为老师不能只写缺点，所以只好绞尽脑汁想出来的。父母也是一有机会就数落孩子的缺点和不足。所以说讨厌自己也变得顺理成章。这样的声音最开始只是来自外界，但天长日久就会变成从自己内部发出的质疑声。长大成人之后，就算有人夸奖自己，也变得无法坦然地接受。

阿德勒主张，性格并非由遗传和环境等因素所决定，而是由自己造就。为了强调性格并非天生的，也并非本性难移，我们要用"生活方式"这个词。话虽如此，但就像选择学校和职业时一样，也有些人不会自觉主动地去做出选择。

不管怎样，如果真的想要改变"厌恶自己"这一点，那么从眼下这一刻开始改变自己的性格也是好的。

没有人能够脱离人际关系而独自生存在这个世界上。不管是哪种人际关系，都肯定会有一个来往的对象存在。不管你如何努力小心地不去伤害对方，很遗憾，总会有关系恶化的情况发生。你有可能会惹怒对方，也有可能是对方说了过分的话而引起了你厌恶或痛苦的情绪。但假如你想避开这些不好的可能，那么慢慢地你将很难在这个世界中生存下去。

性格阴沉又畏畏缩缩并不是理由，他人的离开也并不是借口。是因为自己本身，尽可能不想与他人扯上关系，所以把他人的离开归咎于自身的性格问题。

若你想与他人构建一个良好的关系，那就先努力去喜欢上自己。你自己都不喜欢自己，怎么还能指望别人喜欢你呢？这就是我的观点。喜欢自己，找到自信，就可以融入人群之中。

话虽如此，但也不可能某一天突然就变成了完全不同的性格。要弥补自己的短处，改变性格。但是，就算你变成了一个完美的人，但总体来说你也还是一个普普通通的人，并不会一朝一夕就变成了称霸一方的大人物。

与其说是"改变性格"，倒不如说是"发现自己性格中不同的光辉"。说到性格"阴沉"这一点，从另一面也可说是"温柔"呢。我小时候也曾被他人讥讽从而产生反感情绪。像这种神经大条出口伤人的人，在往后的人生中也还碰到很多很多。当然我不能说自己就完全没有说过伤人的话。但是，我会时常考虑他人的心情，心里头总是想，如果我这么说的话对方会不会接受呢？

想来，周围应该也不全是那种出口伤人之辈吧。如果你认为周围的人都在说你的不好，那么你自然而然就会躲避人际关系。

认定周围全都是怀有恶意的人，就算有人对自己给予善意，也不会相信那是真的。因为你心里会认定"虽然嘴巴上夸着我，但心里其实也和其他人一样吧。"

站在对方的角度想想看，人家好不容易怀着善意靠近你，却被你想得那么坏，最终对方肯定会离去啊。于是你更加坚信，这个人不也就是和其他人一样嘛。久而久之，甚至会产生"其他人说不定都是来陷害自己，都是敌人"的偏激想法。

但实际上，他们并非真的是你的敌人，是你把他们当成敌人看待，把这个世界所有人都想象成那样，过分关注黑暗的一面。假如真的发生了能够印证这个观点的事情，就会觉得"你看，果然和我所想的一样吧"。然而并非是发生了那样的事情才让你把他们当成敌人，而是你主观上率先把他人当成了假想敌，然后潜意识中去寻找可以印证这个观点的事情。然后，你就有理由去避开人际交往了。

至于你说到的不喜欢自己，那我们来看看什么时候人们会喜欢自己呢？应该是你觉得自己并非一无是处，可以以任意一种形式对他人有所帮助的时候。就算他人并不认同自己的贡献，也并不感谢自己，只要你自己实际感觉对他人有所帮助就足够了。就算不是肉眼可见的帮助，只要你感觉自己挺有用的，你就会喜欢上自己了。

反而言之,假如一开始你就认为周围的人或许都是来陷害自己的敌人,你是不会想要为他们做贡献的吧。你会远离他人,不想给予他们任何帮助,也不认为自己可以帮助他人。假以时日你就会变得越来越不喜欢自己。

任何事情,不去努力就无法成功。人际关系也不例外。

那要怎么去努力呢?接下来我们从人际交往中碰到的问题展开探讨。自己不采取任何行动,却只想着等待他人为了自己而行动,这样的想法是不可取的。不管他人改变与否,首先自己要思考一下为了改善关系有什么可以做的,并付诸实践。为此你需要付出许多努力,但所有的付出都是为了改善关系,我想你终究会体会到这并不是一种痛苦,而是一种愉悦。

我讨厌平凡

我讨厌和别人一样,衣服配饰什么的也不喜欢和别人撞款。因为我喜欢追求个性吧?

所谓自由生存的代价

一个人没有必要和他人一样。

我上高中时,母亲看我没有朋友,感觉十分忧心,于是找到我的班主任谈话。在听到老师说"他不需要朋友"之后,母亲放下心来。那时候我没有参加班上的任何一个小组,和所有人都保持着距离。

有一天在公交车上,隔壁座的青年突然跟我搭讪。他对我说:"我讨厌大人们强迫我去适应社会。"他口中所说的大人们在少年时期,肯定也曾反感去适应社会,也曾拒绝和别人选择相同的生活方式吧。但不知何时,大家慢慢忘却了当时的初心。我上大学的时候十分流行留长发,但参加就职考试的人都把头发剪短了。就连我那些思想过激的朋友们也慢慢变得保守起来。

犹太教有这样一条教义:若你不为自己的人生而活,谁会为你的人生而活呢?

所以,不需要压抑自我的个性,为了迎合他人而活,只要过自己的人生就好。

但是,假如你选择了这样的生存方式,就不可避免地会与他人产生摩擦。要有不能被理解的觉悟,甚至于要做好心理准备,还会有很多说你坏话的人出现。这是你自由地过着自己的人生的证据，也是为了自由生活而不得不付出的代价。

话说回来，讨厌和他人类同如果对你来说意味着必须和他人严格地加以区别，那么就需要注意了。

有一个年轻人反抗了父母的意志，没有去上高中。他上初中的时候就十分地叛逆，染发、头发剃字、剃眉等等全都做了。他说："我如果不做许多出格的事情，就没法和父母好好说上话了。"

若用我切身之事来讲的话，我上小学时候认为，只有通过学习才能获得他人的认同。因为我在其他方面毫无信心，只有学习成绩还算比其他人优秀。

对于刚才举例所说的年轻人，我希望他能够明白，即便没有出格的行为，只做一个循规蹈矩的普通人，也可以和父母好好沟通，甚至于也不需要自己变得更加优秀。我希望他能够拥有平凡的勇气。假如不平凡即特别，那么你是想要让自己变得特别优秀呢，还是变得特别坏呢？

其实这样是完全没有必要的。当你认为没必要故意区别于他人时，生存就不再是一种紧迫的状态了。当然，这和迎合他人、泯灭自己的个性完全是两码事儿。

我在意别人的评价

我很在意别人怎么看待我。如果是褒奖的话我就会特别兴奋,反之我就会郁郁寡欢,什么都不想做。

为什么我们在意他人评价

人们会在意自己在他人心中的评价。

就像我在写书的时候也总是会想,这本书会不会太超前于时代,当代人会不会无法认同呢?虽然我有信心,但始终会在意他人的评价。

我们要明确的一点是,他人对于我自己的评价,是他人个人想法的过激表现,它完全不能影响我自身的价值。如果被别人说"你真讨厌呀",我相信没有人会高兴的吧?但这并不意味着我就真的变成了一个讨厌的人。同理,就算被别人说"你真是个好人呀",也并不意味着你就真的变成了一个好人。

你之所以在意他人的评价,是因为你容易因他人的言语而失去自信。

我上学的时候,指导教授曾对我说过一句话:"你不太擅长写论文啊。"在那之前我对自己的写作水平十分自信,但那之后我的自信心就开始动摇了。从此,每逢写论文的时候就会想起教授的话,我被那句话束缚住了。

我再举个例子,一位丈夫打算出门去散步,他的妻子对他说:"虽然天气很好,但也有可能会下雨啊,还是带着伞吧。"丈夫虽然不认为真的会下雨,但出门的时候就会一直想着这句话,然后不断地抬头看天。

在坐公交的时候，如果有人站在跟前，有些人就会犹豫是让座还是不让座呢？如果提出让座但是被拒绝的话怎么办呢？你思考的时候其实就已经错过最佳让座时机了。假如真的被拒绝，那被拒绝之后再去思考怎么办也来得及。而只专注于别人怎么想的人，反而会错过眼下必须去做的事情。

我抗压能力弱

我抗压能力较弱,要怎么才能战胜压力呢?

为什么会感到压力？

抗压能力较弱其实还是人际关系的问题。因为你担心自己会失败，或多或少还是在意他人的目光，所以才会感到有压力。

例如，在众人面前发表讲话时会紧张。明明独自练习的时候丝毫不会紧张，但在人前讲话时就开始语无伦次了。本来四下无人的场合是没必要紧张的。但是，如果现在你独自一人在对着文稿练习，一旦想到明天要在许多人面前朗读，明明此时此刻身边并没有其他人，但意识到明天将要发生的事，马上就会紧张起来。有些人在考试时会紧张得无法发挥出平时的水准。

为什么会那样紧张呢？可以从两方面来思考。

第一，为可能出现的失败事先打好预防针。因为到时候可以说是因为紧张才导致没办法发挥出正常水平。但是，这其实并不是真正的理由。事实也正好相反，正是为了不发挥出正常的水平而去紧张。进一步说，为什么不发挥出正常水平呢？为什么把责任归咎于紧张呢？其实是自己觉得自己并没有达到那所谓的"正常"水平。并非是吝啬于发挥，而是觉得自己没有那个本事。但是，人只有认清自己、从真实的自己出发才行。

就像是走高空绳索的杂技演员，为了防范可能会出现的失误，会在行走的绳网下方再拉上一张网以保障安全。开始做事之前，就会事先考虑到将失败的冲击降到最低。当然，走高空绳索时是绝对有必要做这种安全保障的,但在考试和人际关系方面,虽然我们也希望尽可能地避免失败,但这些失败并不会带来致命的结果。所以,就算考试失败又怎么样呢,再挑战一次就好了啊。口无遮拦惹怒了别人,那就坦诚地道歉就好了啊。虽说道歉也不一定能修复关系,但在与人交往时肯定会碰到很多这样的情况。

我也理解有些人在失败后并不会从头再来。如果不作任何努力,就没有必要惧怕他人的评价。有些人总是说"你要是试一下的话肯定能行"之类的话,但其实这种"能行"是绝不可能成为现实的。

导致紧张的另一层原因是,你没有把那人视为"朋友"。阿德勒认为,如果一个人可以在我需要时给予我帮助,那他就是我的"朋友"。就算你因为紧张而无法流利地说话,谁也不会将你视为笨蛋,不会轻视你。说不定还会在心里头给你鼓劲儿呢。你可以这么想:自己都这样紧张的话,其他人碰到这种情况也一样。如此一来,就会明白感到有压力、紧张是没有必要的。

说到如何克服压力,首先,我们并不是不允许感到有压力。虽然确实存在因为感到紧张而导致考试时发挥不出正常实力的情况,但少许的紧张有时候反而能够让你超常发挥。就像考生自己在家做以前的试题,反而会觉得题目很难。当没有压力时,也就没有了考试时的紧迫感,也就不会产生在规定时间内无论如何都要解开题目的决心。所以这时候反而会觉得题目非常难。因此,正式考试时略带一些紧张反而更能够超常发挥。

我对护理学的学生们要求很严格。因为护士是不允许失败的。虽然学校规定考试是六十分及格,但我希望他们可以拿到满分,而且也不希望因为课堂上漏听而导致考试失败。所以我认为,让他们时常保持适度的压力是很有好处的。

我曾住院很长一段时间,给我打点滴的护士会在打吊针之前确认患者全名,一看就是个老手。当一个人习惯一份工作时,压力就会减少,但若是因此而出现疏漏那就不好了。

压力如果长时间存在的话有可能会造成应激反应。但我一直认为,人类在毫无压力的地方难以长久繁衍生息。虽然过度的高压会令人丧失活下去的勇气,但也是正因为有压力,生命才多姿多彩,有苦痛,亦有喜乐。

我没有干劲儿

　　不管做任何事情,我既无法下定决心,也没有干劲儿,每每最后就这么不了了之了。我想再这么下去是绝对不行的,不能每天都这么碌碌无为地过活。我打算每天回家哪怕是读一会儿书也好,让自己变得更加充实,但事实上每次回家倒头就睡了。生活就这样重复,一天又一天。有时候想到未来,就会感到强烈的不安从而十分抑郁消沉。

你的长期目标和短期目标是什么？

干劲儿不是你等啊等啊它就自己找上门来的。明白自己不能够这样下去但事实上又无法改变现状的人，其实并不真正明白自己想干什么。

考试的前一天晚上，本来应该努力学习至深夜，结果却趴着睡着了，等睁开眼时已经是第二天了。这不是因为睡意动摇了你学习的决心，而是你潜意识中判断，睡觉也无所谓。虽然第二天就要考试了，但并不认为需要学习到很晚。

而且，每当想到未来而感到不安时，就会用"其实心里也感觉很罪恶很不安啊"做借口，然后推动自己继续每天这么混日子。

因此，为了要鼓起干劲儿，首先必须要明确自己的长期目标和短期目标。例如你想参加资格考试然后跳槽，那就要计算出距离考试的日子还剩下几天，充分了解在这段时间内所必需学习的量，从而进一步规划出每天所需的学习时间。

要让自己回家后马上看书，可以把需要阅读的书籍摊开摆放而不是合上。电脑也不要关机，而是设成待机或者睡眠状态，摆放成马上能够使用的状态，回到家就可以立即展开工作。

举一个我切身的例子，我回复他人的邮件总是很慢。我思考了一下为什么会出现这种情况，因为我是个完美主义者，完全不能接受任何错字、漏字，我过分地在意对方看邮件时会如何想。

拉丁语中有一句谚语：当你马上给对方时，就会给第二次。发出邮件的人如果立即能收到回复，那肯定很高兴。就算有些错别字，只要不是和工作相关的邮件，也不是什么大问题吧。

此外，或许你也不是真的每天在碌碌无为地混日子。虽然一边觉得自己不能再这样下去，一边又不采取任何行动去改变，但实际上这已经是一个了不起的行动了。真正混日子的人甚至都不会产生想要改变目前现状的想法，真正地不做任何行动碌碌无为地活下去。

若什么努力也不做，就真的会一事无成，各位不要辜负了现在的大好时光。时光不可挥霍，否则人生就像是要迟到了而在地铁中玩命地赶时间奔跑。

第三章 为朋友关系烦恼

他们是不是在议论我？

　　做任何事情都没有朋友和我一起，就算上学放学我都是独自一个人，本来我也不在意这种事，可是最近我总是怀疑其他人是不是都在议论我，然后就一点都高兴不起来。

围绕两种可能性来思考

别人在背地里议论自己这件事情，可能只是你的臆想罢了。就像在十字路口等红绿灯的时候，有些人会以为别人在盯着自己的脸而感到害羞。确实，坐在车里面的人会在某个瞬间看向走在人行道上的人。但那并非是出于关注，只不过是碰巧对方进入视线范围内罢了。对方变绿灯启动车子之后，刚才看到的人脸并不会再出现在脑海中。

虽说被别人暗地里说坏话肯定不会开心，但若完全没有人关注你，那也是很不愉快的吧？如果真的没有任何人在意，你又会觉得别人无视你吧？我们无法保证别人完全不会在背地里议论自己，但我们从以下两种可能性来思考一下吧。

第一，与其说别人在议论你，不如说别人根本就没有想起你。我们属于这个我们所生存的世界，是世界的一部分。阿德勒用"整体的一部分"来表达这个概念。但是，就算人类属于这个世界的一部分，但却并不是世界的中心。我们刚刚诞生之时会由父母来照顾，就算在半夜哭闹，父母也会马上睁开双眼。那是从什么时候开始，我们无法如同婴儿那样成为世界的中心了呢？那大概是我们长大成人之后吧。

第二，别人可能不会总是议论你的缺点，也有可能是在议论你的优点。

此外，与其说是觉得别人在议论你所以不开心，也有可能情况正好相反，或许正是因为你不开心才会产生这样的臆想。这样你就可以把臆想当成是躲避人际交往的理由。

但是我认为，在意别人是否在议论自己的人，反而内心希望和别人多一些交集。如果一个人不希望和别人有交集，也就没必要在意别人对自己的看法了吧。

不要害怕，要勇敢地融入朋友圈，不要过分在意他人的言语。

该怎么和情绪化的人交往

朋友圈里有情绪起伏特别大的人,总是很闹腾,要怎么对待这种人才好呢?

不需要特别的反应

愤怒的人有一种想法，发怒了就可以让别人按照自己的意愿去行动。因为愤怒的人总是令人害怕，所以不管那人有多么不讲理，周围的人也会顺从他的意思。爱哭的人也同样是利用悲伤的情绪让周围的人顺从。

如果一个场合之中有人十分情绪化，假如这个人表现出的是十分兴奋的情绪，那么周围的人或许也会跟着高兴起来，但结果会变得筋疲力尽。问题是如果有人情绪消沉，周围的人也不能当作没看到而放任不管。

如果自己的孩子情绪消沉而不愿意走出家门，父母就会下决心辞掉工作，整天都陪伴着自己的孩子。如果孩子对父母说，希望晚上也能离得近一点，那么父母就不得不这么做。但是他们并不是真的因为情绪消沉而不愿意走出家门。反过来说，正是因为不愿意走出去，所以才创造出消沉的情绪。

有一个人接到了朋友的电话，朋友在电话中倾诉："我现在特别的郁闷。"声音十分微弱，令人十分担心。所以虽然时值深夜，但他还是驱车前往朋友的住所。但令他震惊的是，同时又有另外五个人也出于同样的理由驱车赶了过来。

关于这个朋友为什么会这样，我们暂且不要思考，让我们着眼于本提问中所询问的"该怎么来应对"。

我想，人们都希望能够帮助他人。没有别人的帮助，任何人都无法独自生存下去。若是自己必须要做，能凭一己之力完成的事情，也要去寻求他人帮助的话就不太好了。但如果任何事都试图凭一己之力解决，这也会成问题。自己无法完成的事情能够坦白地承认无法做到，这也算是自立的一种。事实上，如果你勉强去做自己做不到的事，反而可能会给周围的人带来麻烦。

让我们从这个方向来思考一下吧。自己能做到的事情，就尽量自己完成。但若有他人来寻求你的帮助，你就去帮助他。那么接下来就需要注意了。

首先，关于自己，做不到的事就不要勉强自己去做这一点非常重要。我在医院上班那会儿，打印处方笺的电脑一旦坏了，我总是拿出维修指南试图把它修好。但令我惊讶的是，院长为了不浪费时间，总是毫不犹豫地打电话询问专门负责的医生。

随着年龄的增长，当年迈到不能自我控制排尿和排便时，向家人求助并不是一件羞耻的事情。我希望你们在那时候可以毫无心理负担地求助，并且在寻求帮助时，你的所有表情、举止都不需要申诉、不需要哭泣、也不需要愤怒，你仅仅只需要使用语言便足够了。

其次，周围人对于情绪化的人的行为举止和情绪不要表现出反应也是很重要的一点。只需要简单地说上一句"有什么需要你直接说"就可以了。如果对行为和情绪总是做出回应,那么那个人就会学会即使不开口请求周围的人也会自顾自按照自己的意愿做事。

我在医院神经科上班的时候,星期天是不开诊的,所以周一的早上总是会在座机前发现很多患者打来的电话留言。这其中当然也有十分紧急的内容,然后我就询问院长该怎么应对才好。院长回答我:我们这里是私人医院,有些事情没办法应对。如果真的很紧急的话,我们也有精神科急诊室,有需要的话应该往那里打电话。原来该是这样的思维方式吗?不得不说这样的观点让我很震惊。

个人层面上来说,当别人向我求助时,我很愿意竭尽所能地去帮助他。有的事情力所能及,有的事情却也心有余而力不足。如果真的超出你能力范围时,也没必要非要往自己身上揽。而且对于他人的求助总是有求必应的话,接受帮助的人也会产生依赖性。

但是,周围的人如果认为任何事情都应该由当事人自己独立完成,这个观点也是很奇怪的。偶尔就算是当事人自己能够完成,周围的人若可以伸出援手也是极好的。例如若是看见有人摔倒,伸手拉一把并不会损害他人的自立之心。被帮助的人握着他人的手站起来,也并不会说就此产生依赖性从而以后就什么事都不自己干了。

讨论了这么多，让我们回到开始的问题。我认为对于情绪化这件事不用做出特别的反应。要学会平平常常地用语言请求他人，若是可以办到的事，他人也肯定会给予帮助。这样情绪化的时候也会越来越少了。

我不知道别人在想什么

在和别人来往时,我总是不知道别人在想些什么,也不知道该怎么去交往比较好。我该怎么读懂别人的心思呢?

自己认为理所当然之事……

要是能读懂他人的心思肯定更好吧。但事实上大部分时候我们都无法读懂他人心思。虽然说可以将心比心、以己度人，但大多时候自我的见解与他人的并不相同，所以别人心里在想什么多半是无法猜中的。对于自己来说是理所当然的事，并不能保证对于他人来说也是一样。

为了能让你更好地了解这个道理，我们来做个简单的游戏。说一个短句，然后来猜测它指代什么意思。

"昨天我清理了煤气灶。"说这句话的人是一位学生，而且是在考试前一天。

"是不是好久没打扫了，这么清理一新心情都变好了呢？"

"不是。"

"那是被家人夸奖了吗？"

"完全没有……"

你看，一点儿也没有猜中。最后那个人主动告诉了我答案。

"考试之前我已经做了这么些家务了，我马上要考试了，所以希望父母不要强迫我做其他家务了啦。"

被认为能够读懂他人的心思,那也是相当困扰。经常就有人对我说:"你是心理咨询师,肯定可以读出来我心里的想法吧?"如果我推测错误,又会被说:"心理咨询师也不过如此嘛。"很多人从而会放弃心理咨询。所以我一般会说:现在是私人时间,我把读人心的开关关上了。

猜测他人的心思其实是很失礼的一个行为。在做心理咨询时,有的人会说:"请猜猜看我心里在想什么。"在你情我愿的情况下,咨询师可以说:"好的,那我来猜猜看。"可是也没有人愿意在毫无防备的时候被人猜测心思吧?

有些人能明白并认同他人的想法、感觉与自己并不相同,在与这种人来往时人际关系上就不会产生太大的纠葛。有些人会觉得他人的所思所想必然和自己一样,并对此深信不疑,那么与这种人之间的交往就会很成问题。就算我们无法避免被别人自以为是地"理解",但至少要注意不要自以为是地"理解"他人。

有些人会认为了解他人的想法是一件好事,因为这样就可以避免不小心惹怒对方或者是被对方讨厌。但是人类的思维和感知方式并不是可以简单被读取的,试图去这么做还有可能损害人际关系。所以我并不建议去猜测别人内心的想法。

假如你对对方说:"你真的就这么讨厌我吗?"这也算是在

猜测他人的心思，而且是具有攻击性的一种询问方式。

最简单的方法并不是去读取对方的心思，而是直接地去询问。当然，对方也有可能自己也不明白自己的心思，但总比自以为是地"以己之心度他人之腹"要安全得多。

猜测他人心思还会产生一个问题，那就是他人也会有同样的诉求。简而言之，就像你试图了解他人的想法，别人也会想要了解你的心思，会想要知道你在想什么、是什么样的感觉。

但是，如同你难以猜测他人的心里想法一样，他人也不是很简单地就可以了解你的想法。因此，可以通过言行举止来使他人了解你的想法，但对方能否领会到就是另外一回事儿了。若是对方无法领会，你又会很不满吧。

所以，在与人交往的时候，不要试图去读取他人的心思，仅仅通过语言去表达就好。除了语言之外的一切行为都不可作为参考。而你自己本身，也要学会用语言去表明你的想法、你的感觉。

我感觉别人在嘲笑我

　　我从小就有些结巴,总是遭到别人的谩骂和嘲笑。所以一遇到事情我就会变得比较消极,我该怎么办才好呢?

你喜欢你自己吗？

因为口吃这一点而总被大家嘲笑，这种事情理论上是不存在的。如果总是记住不好的事情，那么即使有认同自己的人出现，也会对这样的人没什么印象。确实有人的无心之言伤害过你，但我希望你不要因为这样的少数派，就把身边的所有人都当成敌人。

当我问前来做心理咨询的人他们是否喜欢自己，几乎可以说得到的回答肯定都是"不喜欢"。几乎可以说，喜欢自己的人并不会来做心理咨询。

此外，因为结巴而对任何事都变得消极这件事或许并不是事实。倒不如说，你起初就是消极的。为什么这么说呢？因为并不是所有结巴的人遇事都是消极对待，也有很多人积极面对人生。

阿德勒将工作、交友、恋爱当成人生的三大课题。这是人生无法避免的三件事，但若有人不想直面这些课题，就会千方百计找到理由去说服自己、说服他人这些课题无法解决。例如用口吃、性格阴暗之类的理由。

所以，是否与人来往的决定是事先就做好的。因为讨厌自己所以变得消极，反之因为喜欢自己而变得积极，严谨地来说事实并非完全如此。但若是能够喜欢自己，就会更容易下定决心积极地与他人来往。

那么，人在什么时候会产生喜欢自己的想法呢？本书在前面也早已阐述过了，那就是不要让自己变得一无是处，可以以任意一种形式对他人有所帮助时，你就会喜欢上自己了。

问题在于，一个被他人以言语攻击或其他方式伤害过的人，他们会把周围的人都当成假想敌，那么又怎么会想要去帮助所谓的敌人呢？但是，这种想法是错误的，并不是所有周围的人都会对口吃的人冷嘲热讽。

或许一开始会有人表示惊讶，但人们会马上反应过来发生了什么并会耐心等待对方说完。就算有个别人无法包容而直接出言不逊，但不可能所有人都是这样的态度。所以，请你努力回忆那些迄今为止对你表达过善意的人们。

或许有人会说，你怎么会了解迄今为止我遇到过多少糟糕的事情。说出这样的话的人是希望我能了解什么呢？别人无法理解你经历过多么痛苦、艰难的人生，因此就要怪罪于他人的不理解，把周围的人都当成假想敌，这简直是荒谬。

假如真的有人无法包容口吃这件事，那你努力让对方理解就好了啊。我曾经接受过冠状动脉搭桥手术，康复后每当我坐地铁碰到座位都满了时，我也有无数次想要坐下来，但并没有人给我让座。

有一天，一个带着心脏起搏器的男人和照料他的太太一起上了地铁。那位太太代替丈夫高声说道："我老公带了心脏起搏器，拜托请将手机电源关闭。"周围的所有乘客就全部关机了。

我想，必须要清楚地说出自己的需求，别人才能理解。如果连这一点都做不到，就把责任归咎于他人的不理解，事态不会得到任何改善。就算你被伤害了，其他人或许也无法正确地理解口吃这件事情。于是，打着被伤害了的旗号，怪罪于周围的人，和他人保持距离，不愿意和别人扯上关系。

为了不辜负这个瞬间的人生

我上小学一年级的时候，班上来了一个从鹿儿岛转校到京都的转学生。那个年代电视机还不像现在这么普及，所以我们几乎完全听不懂那个转学生说的方言。在我印象中没有人嘲笑他，就算有人笑了我想那也只是因为第一次听到这样的口音感到惊讶，而并非是恶意的嘲笑。被同学的反应伤害与否，取决于是否下决心融入班级而已。

"只要我不结巴，所有事情就都会十分顺利，也可以有一个青梅竹马一起长大的朋友"，如果你有以上想法的话，我希望你能摆脱它们。如果你认为治愈了口吃真正的人生才会开始，那么你就辜负了此时此刻这个瞬间的人生。

此外，我希望你能明白，别人并没有你想象中的那样关注你的口吃。并不是说闭上眼睛假装自己没看到，更多的可能是完全没有注意到。然而，如果你每次开口时都会在意对方会怎么想的话，这份紧张感也会传达给对方，从而引发对方细微的表情变化。而你则会把这份细微的变化当成是对方的嘲讽而抱以敌意。

我主张的是，生理上努力治疗口吃，心理上也要从关注自己转变为关注他人。我想这样才是改变人生的突破口。

接下来我们试着思考一下具体该怎么去实践。我知道有一个人因为把孩子寄放在托儿所而治愈了口吃。这个人每天都需要给托儿所打电话，但每次打电话前就会十分紧张说不出话来。她觉得必须做些什么去改变这个现状。当她产生这种想法时，她的大脑就不再关注自身的缺陷，而是完全围绕着孩子了。

我的母亲年轻时曾得过肋膜炎，这是一种可以引起胸部和背部疼痛的疾病。因为疼痛也不想吃饭，把婆婆做的饭偷偷地扔掉。正患着这种病的时候，我的母亲突然发现自己怀孕了。后来我很多次向母亲打听当时的情况，她只说疼痛的地方就渐渐消失，身体慢慢就这么康复了。那时候的母亲不再想着自己的事情，所有的关注都转移向即将诞生的孩子。这一点对治疗疾病产生了一定的影响。虽然医生多次劝说母亲放弃生产的念头，但母亲自己却下定了决心。多亏了母亲的这一决心，我才能够来到这个世界。

事实上，任何人的存在都会对他人有所帮助。从亲子关系上来看，父母对于孩子的降生怀有巨大的喜悦。人只要活着就对他人有所帮助，这一点平常无法感受到。一旦因生病或者老去而导致身体难以动弹时，才能够清晰地感受到。就算本人没有意识到这一点，但身边的人会意识到并且伸出援手。

从这方面来看，每一个人的存在都会对他人有所帮助。此外，做一些令他人感到高兴的事情，可以从只关注自己转为关注他人。

至于该做些什么事情就因人而异了。例如被他人拜托帮忙的时候，不是委婉地拒绝，而是热情地接受。吃过晚饭后当其他家人都窝在电视机前的沙发上时，你哼着歌把碗洗了。这时候你的心理感觉恐怕无法用语言来形容吧，就像是在夏季最炎热时去想象秋季的凉爽一般。

如上所述，当你感到自己可以以任何一种形式对他人有帮助时，你一定会喜欢上这样的自己。因为喜欢这样的自己，从而会积极地与他人交往。到那时，对自认为与他人关系不好的理由，例如口吃、自己的缺点等等，就不会再那么介意了。

第四章

为职场关系烦恼

年轻人会立马辞职

稍微给年轻的公司职员一点忠告意见,他们就马上辞职。我们年轻时候的办法,已经不起作用了。我对年轻员工的教育问题感到很头疼,该怎么办才好呢?

关系不近就不要帮忙

你自己不会因为这点小事儿就辞职不干,然后以己度人觉得别人也不会这么轻易辞职。只要你抱着这样的想法,那么你不可能找到恰当地对待年轻人的方法。我刚进公司的时候,也被我的上司这么教育过。同样的道理,有些人在成为父母之后忘记了自己当年也很讨厌被父母教育,然后对自己孩子也说了同样教育训人的话。

有的父母可能会这么说:"不,我都会听父母的话,并没有像这孩子一样这么逆反。"事实真的如此吗?

若孩子真的对父母的话毫不反抗地接受,比起这样,我其实倒是更希望孩子可以对父母某些没道理的言论提出抗议。职场上也是一样,即使是上司的话,但若是对内容存在疑问那就应该提出质疑,我认为这一点非常重要。

关于给下属"一点忠告",给予忠告的方法是否还有改善的余地呢?年轻人从小就是在被褒奖和被斥责中成长起来的,在长大成人之后某些人对于被褒奖被斥责或许依然感到高兴。但是,先是严厉地斥责,然后再好言好话劝说,这个方法并不能让年轻人行动起来。这是因为他们知道,用这种办法的人并没有把他们放在一个平等的高度来看待。不需要斥责,简单地用语言加以说明,对方应当可以理解的。

我想没有人会很冷静地斥责别人。呵斥的同时必然伴随着愤怒的情绪。给予年轻人"忠告",完全没必要呵斥他们。愤怒就像是从望远镜的另一头窥视似的,会令人想要远离愤怒对象。

阿德勒认为,愤怒是离间人与人之间关系的一种情绪。即便是父母子女之间,也是一样。我们最容易犯的错误便是因为呵斥让关系疏远,然后又去帮助对方。事实上,关系不亲近的话是不能帮忙的。作为上司和父母,都必须要教育年轻人,这是他们的职责。在经验和知识不够丰富的人遭遇失败之时,只需要从旁指导即可,没必要过分情绪化。

阿德勒主张,一切关系都必须对等。但是在日本这个社会,根据职责的不同而分为上下级的情况很多。确实,刚进公司的年轻人在老前辈和上司的眼中,既没知识也没经验,但并不能就此认为年轻人就是劣等人。既有知识又有经验的人,必须承担的责任也就更大,所以上司和部下确实有区别。但即使有区别,双方之间也是对等的关系。

有一次在坐地铁的时候,我忍不住注意到坐在我前排的两个人,他们看起来像是钻研茶道或者花道的师父和弟子。那位女弟子对师傅说话的时候就过分拘泥于上下尊卑了。那位师傅在某一站要下车时,女弟子陪师傅一起走到车厢门口,然后深深低下头说道:"路上请小心。"我就在想,这个师傅平时以什么态度和他的弟子们相处呢?

"忠告"与"呵斥"

现如今,越来越多的企业在招人的时候不但对计算机知识有要求,还会要求英语水平。所以年轻人或许更加优秀一些,甚至也有可能会成为上司的竞争对手。

所以如果还像以前那样,用一副居高临下的态度呵斥、褒奖这样的竞争对手,这种办法已经行不通了。如果上司是年轻能干的人,对下属进行呵斥、褒奖,谁也不会觉得很奇怪,下属也有可能按照上司的吩咐去行事。但我认为这种方法不能套用,还是要培养靠得住的人才行。

要解决这个问题,也很简单,那就是要多注意年轻人做出的贡献。若是有需要年轻人指导的地方,也不要有懊恼不甘的心理。只要大大方方地说一句"多亏你教我,谢谢了"来表达感谢之情即可。反过来,也不要觉得教会了徒弟饿死了师傅,若是下属超越了自己,应该感到高兴才对。在自己的教导下下属超越了上司,就像是子女超越了父母。徒弟和学生超越了老师,也证明了自己是一个优秀的老师。

如果以这样的心态和年轻人相处的话,可以让刚进公司的年轻人觉得自己也可以有所作为,这样在工作上就会更加尽心尽力。斥责只会让年轻人觉得自己无能,并且为了不被责骂就会本着"少做少错"的原则只做自己分内之事,不会想着发挥主观能动性、发散自己的思维,只等着被别人指挥。如果你有这样的下属,那你就真的要回过头来检讨一下自己了。

创新意味着存在失败的可能,若是因为失败就去责骂对方,我想对方就会选择什么都不做了。为了不造成重大失误或是为了顺从上司的决定,宁可选择做一个循规蹈矩的小人物。

所有人在最开始的时候都不过只是一个初学者,不可避免地会失败。作为上司,你需要有放手让对方去做的勇气。有能力的人会觉得,自己来做的话可以更快地完成任务,但如此一来不管花费多少时间后辈都得不到锻炼。

假如工作上确实出现失误,那当然是有必要进行一番"忠告"。但有些人的行为和语言并不是忠告,而是"斥责"。年轻人确实需要承担失误的责任,但若是为了让对方承担责任而采用呵斥、责骂的方式,这就没必要了。

那对于失误,到底该怎么处理才好呢?当出现失误的时候,以下三件事必须要做到。

首先,尽可能地恢复原状。我儿子两岁的时候,一边走路一边喝牛奶,然后洒了。当然有人可能会觉得,我所举的这个例子和公司里下属造成的失误完全没法相提并论,但大体上性质是相同的。

于是我去问儿子:"你知道该做什么吗?"

如果儿子说不知道的话我就打算趁机教育他。结果儿子回答:"我知道。"

于是我接着问:"那你都要做些什么啊?"

儿子这么回答:"用抹布擦干净。"

如果这时候父母亲去擦地的话,孩子就会认为不管发生什么事,反正父母会给我擦屁股。这也是变相地教导孩子没有责任心。

第二件必须要做的事情是什么呢?虽然牛奶洒了把榻榻米弄脏了,但我个人并没有受到任何伤害,所以我不需要儿子给我道歉。如果牛奶是洒在别人的衣服上,那当然必须要道歉。

此外,不断地重复同一个错误会让人很头疼,所以为了防止失误的再次发生就有必要进行一次谈话。

我问儿子:"为了以后不让牛奶再洒出来,你觉得该怎么办呢?"

儿子思考了一会儿说道:"以后坐着喝。"

"嗯,那以后就这么做哦。"

你看，完全没有必要呵斥、责骂。

我有一个朋友，有一次生病住院了。护士到病房来给他打针输液，但就在护士挂吊瓶的时候，他发现药瓶上写着的并不是自己的名字，而是隔壁床病人的名字。在提醒对方错了之后，护士说了一句"啊，抱歉"，然后换上正确的药瓶就离开了。

这在后来成了一个大问题。对方只用"抱歉"来作了结，其实这种事故是有义务要投诉的，但他当时懒得投诉，后来在家人抗议下才提了出来。医疗现场的失误会造成生命危险，所以比起其他的失误，必须更加严格对待，防止失误再次发生。

虽然我很好奇，这位护士会从她的上司那里得到怎样的指导，但终究是不得而知了。虽然这不是一句简单的"抱歉"就可以了结的重大事故，但防止事态重发也十分重要，责骂起不到任何作用。

对造成失误的人进行批判、责难，是希望发生失误之后必须继续工作的年轻人以后行事更加谨慎。但可能有些人因为这一次的失败，再碰到类似的事情就会瞻前顾后不敢去做。当然我们要尽可能地避免失误。要让他们学会从失误中汲取经验，所以不要过于情绪化地责骂他们，要让他们学会承担失误的责任。

上司太情绪化了

　　我的上司太情绪化了,总是随着当天的心情任意呵斥下属。如果是心情好的时候那还没事,如果心情变了,态度马上也就跟着变了。所以和他接触总是要万分小心,几乎从早上睁开眼睛就开始提心吊胆。

只注重"内容"

不管是上级也好,还是一起工作的同事也好,谁也受不了这种被心情所左右而变得十分情绪化的人。他们的心情时好时坏,让人提心吊胆。

就算工作本身令人感到干劲十足,和这样的领导或同事同在一个屋檐下,估计只能感受到工作的痛苦。

无法控制自己情绪的人,可以说是精神上还没有成熟。认为谁也不会重视自己,为了隐藏自己在工作上的无能,而使用情绪去攻击他人,这是自我防卫过度的一种表现。

情绪化地斥责别人的人,是因为他们没有找到正确地和别人打交道的方法。不论处于何种人际关系之中,可以肯定地说自己希望他人去做的事情,他人并非一定会按照自己的意思去行动。这时候有的人就会愤怒,让周围的人感到害怕,借此让对方按照自己的意思去行动。这样的人是从小就被惯出来的。

此外,他们试图通过这种手段,让自己处于居高临下的地位。职责的不同并不意味着人有高低贵贱的分别。如果成为领导,所必须承担的责任也会连带着增加,但升职并不意味着就会变得伟大了。

作为下属,如果碰到这种情绪化的上司,你能做的事情就是：当你的领导变得情绪化并且蛮不讲理地发怒时，不要在意他的情绪，只注意他说话的"内容"就好。

这可不是一件简单的事情。在人际交往之中，说话的语调具有重要的意义，会影响沟通的本质。在与和蔼可亲或者关系亲近的人说话时，说话的内容并不重要，反而说话时的语气、当时所唤起的情绪等更重要。但是，职场上的人际关系只服务于能否让工作顺利进行而已，所以注意力只需要集中在话语本身即可。说了"什么内容"才是关键，至于是用"什么语气"说的，在工作层面上来说并不是问题。

因此，与上司的关系算是工作内容的一部分，必须干脆明确。就算对方是顶头上司，若是因感情用事导致工作无法顺利进行，希望你能将其指出并寻求改善的方法。在职场上因为遇到情绪化的人而感到痛苦完全没有必要。姑且将自己的痛苦先放一放，只关注工作本身的问题。若工作上受到正当的指责，那么要悉心听取。若是不正当的、歪曲事实的指责，那就应该指正出来。

即便因感情用事而妨碍工作顺利进行，也不会有人会喜欢被下属或是同事指出。虽然是工作上的就事论事，但是上司肯定会觉得这是在谴责他的人品，会心情不痛快，所以大多数情况下你会不可避免地被上司讨厌。而有担当的上司，在面对下属的正当指正时，不会感情用事而是会选择虚心接受。

当然，下属真的犯错的时候，上司当然要给予忠告。但这只是针对事件本身，而不应涉及人品方面的谴责。但是，即使抱着虚心的态度聆听上司的忠告，若是其中有不讲道理的地方，那么进行反驳也可以。

如此一来，你就不会在意上司那反复无常的脾气了。长时间这么不卑不亢地接触下来，有的上司也会渐渐感受到："在其他人面前不得不努力给他们一点颜色瞧瞧，为什么在这个人面前不用这么做也能达到效果呢？"上司会渐渐学会用正常情绪对待他人。对方能够有所改变这当然是最好的结果，但别期待他人一定会做出改变。

最终的结果可能是上司发挥自己的权威，用情绪支配部下，你并不能改变你的上司。就像你没法控制老天爷下雨一样。但是如果你要出门，你可以选择打伞，不能步行那就选择坐车，再不然就放弃外出的念头躲在家里也可以。所谓的专注于上司说话内容本身，就和下雨天出门打伞是一个意思。

坏心眼儿的同事

我因为岗位调配到了一个新地方上班,那儿有个心眼特别坏的同事老是针对我,我每天都被欺负哭。也有同事经常鼓励我,上司也很和蔼,我要继续忍耐下去吗?我很喜欢现在这份工作,并不想辞职。我该怎么办才好呢?

父母、上司、同事的不同之处

职场上的人际关系,并非只有与上司之间的人际交往。如同这个提问中所说的,同事之间的关系也算是职场交际的一种。不管是何种类型的职场交往,和所有人关系都处不好也是不太可能的。若只是因为一两个关系处不好的同事,而离开好不容易才关系融洽的其他同事,这是很遗憾的一件事。若是错不在自己,那么就不要轻易放弃那些鼓励你的同事以及和蔼可亲的上司。

前文提到如何解决问题时,有两类人存在:一类人仅仅着眼于解决问题,而不在意从而引起的人际关系上的摩擦;另一类人则正好相反,他们不在意问题,反而关心的是围绕着这个问题的人际关系。

后一类人会拘泥于解决问题的流程。自己不知道的时候事情有了进展,事后才知情会令他们感到不高兴。

从另一个角度来说,如果老老实实地按部就班来处理,那么也就不怎么在意出现的问题了。用亲子关系来举例说明,孩子对父母说我要结婚了,父母也并不怎么关心孩子和谁结婚。对于这一类人来说,重要的是事情在自己的掌握之中。任何事情如果不是由自己握有主导权的话,就无法安心。

不论是职场上也好,还是亲子关系也好,会觉得这些关系很难处理的人大多是拘泥于按部就班流程的人。对付这种人的办法也很简单,例如对父母说想要和交往对象结婚时,其他人一般还没开口就会担心父亲会反对,但也有可能父亲心情很好地接受了呢。

我想表达的是,重点不是我在和"谁"对话,而是说了"什么内容"。不管是父母也好,上司、同事也罢,都会有犯错的时候。不论是谁犯错,都有必要将其指正出来。但如果犯错方是易情绪化的上司,你担心反驳他们对方心里会有不好的想法,那么就容易造成判断失误。虽然指出别人的错误会惹人不快,但将自己认为是正确的事情明确地表达出来,这十分需要勇气。

害怕惹上司不快、不敢强烈反抗上司、不敢指出上司的错误,最后困扰的会是自己,是我们所属的集体,是这个世界。希望你能明白这一点。所以,不要错过自己喜欢的工作。

不能下定决心辞职

我一直想要辞职,但总是没办法下定决心。我并没有任何职场人际关系的烦恼,相反上司很理解我,和同事也没有任何冲突,工作也十分顺手。但是有时候会想,就这份工作一直干下去的话,有什么前途呢?

自己的人生由自己去过

路行到一半不能改变方向。有些人年轻的时候，对周遭的事情还处于一片懵懂之中，就决定了自己升学就业的方向，成熟后就会对自己目前的生活产生怀疑。

我有很长一段时间都从事教导护士专业学生的工作。有些学生中学毕业就来念五年制的护士专业，对于这些学生我也有特有的烦恼。十五岁这个年纪，是否真的十分确定将来要从事护士这个职业呢？这个年纪并不能让她们很肯定地给出答案。当然，有些学生的父母就是护士，所以很了解这份职业。也有人自幼因自己或家人生病，遂对从事护士一职很感兴趣。这类人即使在少不更事的年纪也可以很明确地展望未来。

身边的人会告诉你："这只是暂时的抉择啦"或是"只要再努力一下，日后肯定会觉得今天的选择才是正确的。"所以就算自己对前途产生迷惘，也会怀疑这份迷惘。日后就算觉得这不是自己想要做的事情，但彼时彼刻想要转变方向已经不是一件简单的事了。已经花费了大量时间，投入了不少金钱，想要重新开始一个方向，就必须要有冒大风险的决心。

即便如此，这是自己的人生，我不认为度过自己不喜欢的人生有任何意义。不论是谁，都不应该活在他人的期待之中。尽可能自己担起责任，自己的人生要由自己来活。要不然还会有谁会为你的人生而活呢？

说到没办法下定决心这一点，因为潜意识里觉得只要存在烦恼就可以不用做出决定，所以你才选择了烦恼。反过来说，一旦停止烦恼，就必须要做出决定。所以想要拖延做决定的人，就会一直这么烦恼下去。

到底要不要辞职，辞职之后下一份工作做什么？关于这个问题我是这么想的：不管是何种工作，在择业时最重要的一个条件就是，这份工作能否对他人有所帮助？

我初中时的一位老师曾经说过："一份薪水高但你不喜欢的工作，一份薪水低但你很热爱的工作，如果有人让你选的话，请毫不犹豫地选择后者。"那时候的我对将来就业一事完全没有具体的概念，但这位老师的这段话却一直深深地留在了我的心中。

虽然也会怀疑，就算再怎么热爱工作，如果薪水太低的话也会没法生存。但不管你拿多高的薪水，如果不喜欢这份工作，可以想象每天会犹如生活在水深火热之中。

至今为止我从来没有从事过高薪的工作，却也这么活过来了，并且对于热爱工作的意义深有体悟。这一点和前文所述关于自身的话题中所蕴含的道理是一致的，为了让自己能够喜欢自己，自身不能毫无用处，而是让自己能够以任何一种形式对他人有所帮助。而工作也是一样，不能仅仅只满足自己，而是就算无法获得足够多的收入，只要对他人有些微帮助，那么你就会爱上自己的工作。反过来说，就算你的收入增加了，但若你所从事的工作建立在他人的不幸之上，那么有良知的人会整天生活在痛苦之中。

至于你想要辞去的这份工作，首先请你认真地思考一下，你是否感觉这份工作对他人有任何帮助呢？若答案是否定的，那么在寻找其他工作的时候也请先思考一下这个问题。

虽说我主张要从事对他人有帮助的工作，但并不提倡为了工作牺牲自我。只是我认为，若是你对自己的工作喜欢得不得了，那么不仅仅是你自己会得到满足，同时在某一方面也会影响社会。

我有一个做医生的朋友，他曾对我说过这样一件事。他在年轻时，有时候会连续几周因工作繁忙而无法回家。正因为他经历过如此艰辛的生活，所以现在他有自信可以克服任何困难。而不像现如今的年轻医生，总是希望做轻松的工作。医生的职责是救死扶伤，所以这是一份完全不能只考虑自己的工作。

实际上，说这些话的医生处在二十四小时随时待命状态，只要有需要，不管是休息日还是深夜，都必须要前往患者家中诊治。他描述这样的生活时，从他的言语中感觉不到任何悲壮，反而似乎可以瞧见一丝愉快。当然，他并不是不觉得辛苦。事实上，不论任何工作，都有旁人无法体会的艰辛。

第五章 为恋爱关系烦恼

我喜欢的人喜欢别人

　　我喜欢上了一个人,但是我知道他有女朋友。他和他女朋友已经交往很长时间了,没有一点我可以插足的余地。但是,我就是喜欢他,我该怎么办呢?是放弃比较好吗?

这世上有两件事无法强迫

请在脑海中想象出一个三角形。和你相关联的只有你和他之间的关系，假如你认识他的女朋友，那么也只是你和她之间的关系。而他和她之间的关系是你无能为力的，因为他们之间和你没有相交的点。

事实上，大部分时候你都不会直接认识他的女朋友，更别提跑到他女朋友面前说"我喜欢他，所以请你们分手"这样的话。你所能做的，和他与她之间的关系无关。你需要考虑的仅仅是，该如何处理你与他之间的关系，以及为了实现你的愿望该怎么办。

他们两个人虽然在交往，但肯定也会同其他异性会面，要约定不能同其他异性说话也不太现实，所以说你并不是完全没有"插入的余地"。若是让他感觉比起同女朋友在一起，在你面前更放松、更愉快的话，你所喜欢的人或许就会选择你呢。这就是出发点。

在这个世上，有两件事情是强迫不来的。

一是尊敬，一是爱。你必须要尊敬我，或者你必须要爱我，这两件事无法强迫对方去完成。这是显而易见、理所当然的事。若是为了强迫对方爱你，而变得具有攻击性，甚至骚扰对方、纠缠对方，结果只会被对方所厌恶、所恐惧，从而令对方从你的身边离开。

本提问是关于恋爱开始之前的问题，我也曾接到许多"我的恋爱对象移情别恋了，我该怎么办"的咨询。

这两个问题的本质是一样的，那就是你所能施力的仅限于你和他（她）之间的单方面关系。关于你的恋人和他（她）的新欢之间的关系，你是无能为力的。假如你的恋人移情别恋了，而你又还是很喜欢他（她），那么你所能做的只是去努力挽回与恋人的关系。至于最终如何选择，由他或她来决定。

我在课堂上阐述这些观点时，被我的学生否定了："我做不到"。如果我所喜欢的人和他所喜欢的人在一起很幸福的话，我也会因此而感到开心，这才是爱。

他如果没有对象就好了，如果早点和他认识就好了，若是抱有这样的想法，必须要注意，不要让自己陷入这样的困局之中。

秉持着这种想法的人认为，恋爱是需要和对方一起完成的事。

或者，没有信心建立恋爱关系的人，不想承认是自己爱人的方式有问题，甚至会下意识地喜欢上一个很难建立恋爱关系的人。

他的嫉妒令我感到束缚

　　他嫉妒心很重，总是在各个方面限制我。他会发很多条短信问我在做什么。我的母亲需要人陪护，从晚饭后到母亲睡觉前有许多事情要做，就没有空接他的电话。事后回电话过去，他就会说"我们是不是在谈恋爱啊？"之类的话。

"信任"与"信用"有何不同

之后我们会看到一个父母束缚孩子的案例，但在年轻的同龄人之间也会出现同样的情况。有一类人，仅仅是恋人和别人说话就十分嫉妒。嫉妒与爱之间没有任何关系。当然也有人会认为，嫉妒表示对方在意自己。但如果到了经常被监视，不断被盘问现在在哪里、现在在做什么，甚至要被检查手机的地步，你不会觉得很可怕吗？

若是可以的话希望对方一直待在自己的眼前，这样对方就不会移情别恋了。有这样想法的人其实十分不自信，他认为虽然现在这个人很关心我，很喜欢我，但什么时候就会背叛我也说不定。

有些人认为恋爱就是百分百确定对方的心意，从最开始到最终都要相亲相爱。还有一种人，嘴巴上嚷嚷着有喜欢的人就去追啊，实际上却胆小到连一封邮件都不敢发。

但是，全心全意的恋爱，可以说是从最开始就丢掉了恋爱的乐趣。当然，很多时候对方并不能回应自己，但若不经历这个阶段，基本上就无法完整地体会恋爱的乐趣和喜悦。

认为恋爱就要百分百确定才开始的人，犯了思维上的两个错误。

一，恋爱并不是静止的一种状态，而是时时都在变化，就算某一个时间点上相互确认了对方的心意，但这个状态也并不会一直持续下去。正是因为明白这种不可掌控的变化，所以才会怀疑恋人会转而爱上他人，从而引发嫉妒心。

有一天，有人对我说了这么一段话，震惊了我。

"我算过命了，人家说我和我现在的男朋友不能结婚，我难过得都吃不下饭。虽然我们感情很好，但是如果最终不能结婚的话，现在努力维护感情也没什么意义吧？"

我实在没法理解她为什么要去算命。若是因为感情不好，担忧前途而去占卜倒也不是不能理解。假如是我的话我就不会去，明明自己觉得感情不错，若是占卜结果不好就会震惊难过。所以为什么要去占卜呢？我所能想到的就是，虽然现如今我和男朋友的感情很好，但为了防止将来感情生变而要给自己打一剂预防针。所谓的"现在努力维护感情也没什么意义"，是为了表明不再努力维护的决心。

当然，这里的"努力"若是指为了让两人的感情更好而去努力的话，若是不努力那么关系就真的会变得不好了。

对这种因为占卜结果就灰心的人，我想说："占卜结果是没法结婚那真是太好了。"

要问好在哪里是吗？假如占卜的结果是能够和男朋友结婚，这种人就不会花费力气去维护感情。正是因为占卜结果不如意，才会想要更加努力地去维护这段感情吧？这样的话，是不是最终就可以和对方结婚？

这种人思维上的另一个错误是认为被爱很重要。他们认为，被爱比爱人更加重要。但是，你并不能强迫别人爱自己。"你可以爱我吗？"虽然可以如此委婉地请求，但爱或不爱的决定权掌握在对方手里。

当然，想要被爱这种想法并没有任何错。但因为强烈地想要被爱而导致对方抗拒爱你的情况也是可能发生的。若是想要对方爱上你，做一些努力是必要的。

什么时候会觉得自己是被爱的呢？顺着这个思路思考一下就可以了解怎么样才会被爱。无论如何都想把对方绑在自己身边的人姑且不谈，若是对方能给自己自由，会感觉到更加被爱吧。反过来，若不能得到自由、时常感觉被监视着的人是不会觉得自己被爱着的，会感觉自己不被信任。

人际关系上的"信任"，与那种有令人信服的证据才去信任是不同的。它强调的是一种无条件的信任，或者说正是因为没有令人信服的证据才更加要去信任。阿德勒心理学认为，无条件地去相信才称为"信任"，它有别于拥有令人信服的证据才去相信的"信用"。不相信你的人，从最开始就不相信。若是有人不论任何境地都不会对你产生一丝一毫的怀疑,你不能辜负这样的人。

因此,若你想被爱,为了得到他人的爱,用任何形式或手段去强迫对方的话,那么反而会将对方推得更远。

嫉妒并不在这个讨论范围内。为何这么说呢,因为嫉妒之人会希望对方只关心自己,只要对方稍微关心别人就会发怒。

而且,明明两个人陪伴相处在一起,却怀疑恋人对自己的关心会转向别人,这是在辜负大好的时光。就像是在两人之间存在着第三者一样。就像是有一天长子突然多了弟弟妹妹一样。第一个孩子本来拥有父母所有的爱、关心以及注意力,却因为父母要照顾弟弟妹妹而顾不上自己了。

孩子会认为父母对自己的爱是理所当然的,而无法接受自己不再成为家庭的中心。这样的孩子长大成人之后,可能也会重蹈覆辙。例如就会产生"虽说现在被深爱着,但这份爱并不能永远地持续下去,我所爱的人必定会爱上别人"这样的想法。

因此,虽说实际上并没有发生背叛事件,但背叛却一直存在于两个人之间,然后又因为这实际上并不存在的背叛而心生妒忌。真是奇妙的一件事情。

两人若相处在一起,不要考虑背叛的事,只需要努力令感情更加紧密就好。两人相处时若谈论并不在这里的第三人,又或者责问对方是不是更喜欢第三人,这样的人是感受不到自己是被爱着的。

他不回我信息

我一天给他发好几条信息,他却完全不回我。问他为什么不回信息,得到的理由是"我忙到没时间发信息"。我该怎么办才好呢?

不要介入权力之争

当然,没有人真的会忙到连回复信息的时间都没有。不管多忙,连上厕所的时间都没有的人也是不存在的。或许并不是不能联络,不想联络才是真的。如果说"你是不想联系我吧"去责问对方,反而会将对方推得更远。

他用如此明显的借口来敷衍你,难道不是不想见你吗?请反省一下自身吧。是否给对方发了太多消息呢?若是询问认为男朋友给自己发信息越来越少的人,他们的回答令我震惊:"以前每天都要发五十条信息,现在只有二十条。"现在每天二十条短信还不满足的话,无异于往开了洞的容器中注水。若是对方有回信则可以确认对方的安全,但若是没有信息,也可以想成没有消息就是最好的消息。

这种事情经常发生在学生和职场人士的恋情之间。有工作的人很难做到随时回复对方的。

如果是从学生时代开始的恋情,若是发生上面所说联络越来越少的情况,就会忍不住猜疑对方不再关心自己了,是不是在工作单位喜欢上别人了之类的。

于是,越是得不到回复,就越要发更多的信息给对方。不回短信就会给对方打电话,然后就会出现和刚才的提问相同的情况。

"再忙也不可能连发一条信息的时间都没有吧",当你刨根问底,当你责问对方时,其实就已经介入了权力之争。虽然你说的都是对的,但此时此刻你正将对方的心推离你。

我想和他一直相处下去

最近交了一个男朋友,我们的关系如何能保持长久呢?

只专注于眼下

刚开始交往的情侣，不管谈论什么话题，或者是没有任何交流，仅仅只是静静地坐在一起就会很开心。若是牢记当时的心情，那么便可以一直相处下去。

实际上不管谈论什么，还是要避免一些话题。若非必要，就不要提起前任的事情。若对方打算聊起前任而你并不想听时，只要阻止对方不要再说下去就好。

比起前任这种地雷式的话题，最好还是只谈论当事的两个人吧。"此时此刻"两人好不容易相处在一起，却谈论起和此刻无关的人和事，那简直是在糟蹋时间。没有必要特地去思考如何将两人的关系长久地维持下去。

长久地交往下去并不是一个目标，而是一段感情的结果。迄今为止遭遇的所有事情，以及将来会发生的事情，都没有必要去考虑，只要此时此刻两个人能够生存下去，今后感情肯定也会长久地维持下去。

若两人刚刚开始相恋，刚刚才相识还没有一起经历过时间的磨炼，他们会把过去发生的事情记得特别清楚仔细，然后某一天就翻出来说"那个时候你明明说怎样怎样"等等。若你想维护两人之间的感情，这绝不是一个良策。

总是执着于过去的人会很难相信别人，要忘掉那些已经过去的事，只有在忘却之后，才能够更加专注于眼下。

"今天是我和这个人第一次邂逅"，我希望你每次都能够有这样的想法。或许会发生以前发生过的令人讨厌的事情，但是，同样的事情由今天的眼前的人来说或来做，结果或许会不同呢？只要保持着这样的想法，就可以保持初次邂逅时的心情而开始每一天。

若你能做到这一点，那么两人相处的时光就能够变得鲜活明亮起来。今天并不是重复昨天的日子，明日也并不是今日的延长。"今天是初次遇见这个人"，若是能够怀着这样的心情交往下去，那么你会发现许多不同的乐趣。

可能会有人认为，每天保持初次约会的心情也太夸张了，但为了维护两人的感情，需要那样去想。不做任何努力，感情会自己变好？这是不现实的。此外，对方不做任何努力，仅凭自己一人的努力也是做不到的。确实，做出努力是必要的，但这份努力必须是带着喜悦的努力。

若能一直在一起，那么双方共同度过的时光断然不会从指间逝去。

若真的如此在意约会那天两个人之间所有的对话，为了在以后可以拿出来回味，就更要每时每刻将注意力都集中在眼前之人的身上才对。如此一来，每当以后回想起来，也必然都是二人共度的美好时光。

我有一次生病住院，我太太每天都会来照看我。因为是下班后才能过来，所以她总是来得比较晚。当我能下地走路之后，我总是会送她到电梯口。"偶尔这样也不错呢。"我太太这么说道。生病当然是特例，但即便没有任何原因，两人和谐相处是理所当然的。如果有人认为这并不是理所应当的事，那么我想这就需要为了增进二人之间的感情而努力了。

我对他很任性

　　我和他已经交往一年了,但最近我总是对他说一些很任性的话。是不是要改改比较好呢?

愤怒是一种离间的情绪

当然要改改比较好啦。谈恋爱最开始的阶段，即使是任性，在情人眼里也是可爱的，或许有些人就是喜欢看对方任性的表情。但是，若把这当成理所当然的态度，被厌恶也不过就是时间长短的问题罢了。

有些情侣也会经常吵架，但双方也会伸手和好。这样的情侣可以说是掌握了和好的窍门，所以即使频繁地吵架也不会导致感情走向不可修复的地步。但是，吵架时的愤怒，是会离间人与人之间关系的情绪。喜欢用愤怒来表达的情侣必须要明白，愤怒有极大的可能性会导致两人关系的终结。

以前，我曾在地铁上听到高中生情侣有如下的对话。

"我们刚刚在一起那会儿你不是很成熟的嘛，为什么现在我完全要听你的？"

"因为我很任性呀，不过我自己很清楚自己很任性，这就没问题了吧。"

有没有问题，是由对方决定的吧？任性这一点自己清楚是一件好事，但我想你不清楚的是，任性会使两人之间的关系不知走向何方。

恋情最开始时，双方都会隐藏起自己的本性，不论言语还是态度上都会格外注意，竭力展现自己温柔的一面。但随着时间的推移，最真实的自己会表现出来，会说一些蛮不讲理的话、闹别扭、发火等等。遗憾的是，没有谁能够保证会永远包容这样任性的人。

异地恋见面时间少

目前我在谈一段异地恋。或许是因为双方工作都十分忙碌,和刚开始谈恋爱不一样,现在我们见面的时间越来越少。就算见上了,也会因为讨论什么时候可以住在一起而不愉快。

忘记下一次见面约定的心理

经常听人说异地恋都非常艰难。大概是因为并不像普通情侣那样，思念的时候就可以相见。但两人最终走不下去的原因，却并不是因为分隔两地生活。仅仅只是双方将"异地恋"作为感情无法继续时的理由罢了。

对于以异地恋作为两人没办法走下去的理由这一点，某种意义上对于二人来说，倒是值得庆幸的事。为什么这么说？因为若是两人改变了这种困难的局面，最终住在了一起，而当感情无法继续时，就连"异地恋"这种理由都无法使用了。

不管是不是异地恋，重点是相见之时就要享受见面的快乐，不要去想今后的事情。有些人会因离别的时间渐渐到来而心神不定，明明之前都还活蹦乱跳的，却变得渐渐情绪失落起来。我认为这样的态度对于如此珍贵的时间是一种辜负和浪费。

直到分别之后才反应过来两人还没有约好下次见面的时间，这种心态会更好。因为心满意足地度过了在一起的时间，正因为全身心地投入了这次的约会，所以才会忘记约定下次的会面。度过如此愉快时光的二人，完全没必要特地约定"下一次"，因为"下一次"是自然而然的结果。越是不去考虑"下一次"，两人相处时就会越发地融洽。

话说回来，无法全身心投入而结束约会的二人，会想要弥补这一天的不满足感，会担心若是不约好下一次就不会再见面了。所以就会慎重地约好下一次的见面，但这样两人却是再也没有"下一次"了。

不仅仅是恋爱，在考虑两个人之间的关系时，就双方今后如何发展有必要达成一致意见。校园情侣在临毕业时，虽然双方的感情没有任何问题，但若是一人想要留在这里找工作，而另外一个人想要回老家时，就必须要决定今后的发展方向。

关于异地恋有一个解决办法，但一旦考虑到生活在一起的问题，两人分隔两地的状态不知持续到何时就变成了一个很现实的难题。所以双方今后的发展目标要一致，是维系二人感情的条件之一。

不管多么相爱的两个人，若是考虑一起共度人生、一起生活的问题时，如果没法达成一致的目标，那么关系会很难持续下去。但是，本应跨越的这点困难反而会成为二人之间强有力的羁绊，而并不是阻碍。

我无法对他顺从

我无法对他很顺从，两人为此经常吵架。要怎么样才能变得顺从温柔呢？

笨拙的言语也未尝不可

与其说是不够温柔，我倒认为是决心不想温柔。至于不想温柔的理由，怎么样都可以找得到。例如曾经失败的恋情，又或者是自身的性格问题。

但是，这些都并非真正的原因。真正的原因是你自己决定去不温柔地对待对方。因为你觉得如果对对方十分温柔顺从，在恋爱里面就输了。

"明明他也有错，却一句道歉也没有，如果就这么原谅他我不就输了，明明他也没有很温柔，凭什么只有我必须要温柔呢？"虽然这些话并不能说完全错误，但处于下方又如何呢？

明明是想说"谢谢"，却因为不够坦白而导致双方吵架。

吵架可以是任何理由。实际上，最初或许是因为某个理由才开始的争吵，但吵架的时候二人言语上针锋相对，到最后会忘记那个理由。

我认为这样的两人并没有双方其实是一个共同体的意识。

我儿子五岁的时候，有一天我因为某件事情对妻子说话嗓门很大。那时候在边上的儿子就对我说："爸爸，你发这么大火，你觉得妈妈会喜欢你吗?要是不喜欢你了该怎么办?"

吵架戛然而止,并且至今为止我们再也没有吵过架。

好不容易两人相处在一起,天气若是晴朗,就外出散散步。刚刚开始交往的时候,两个人不是整天就想着去哪里玩耍约会吗?交往前不是整天想着如何让暗恋的那个人喜欢自己吗?

若想起那时的心情,现如今恍如梦中一般。把这些心情都付诸语言表达出来。即使是笨拙生硬的话语,也未尝不可。

第六章 为夫妻、伴侣关系烦恼

"在一起"的负罪感挥之不去

我有一个交往了很久的女朋友,已经到了谈婚论嫁的地步,但我却喜欢上了别的女性。而那位女性是有夫之妇。我和她与各自的伴侣都没有特别大的问题,但我和她彼此深爱,且到了无论如何都要在一起的地步。为此,我与女朋友分了手,而她也与丈夫离了婚。在分手的时候,女朋友曾责问我:"你们的感情建立在他人的不幸之上,你觉得你会幸福吗?"而她丈夫的反应出乎我们意料,虽然无可奈何却平静地接受了离婚的现实。但时至今日,她前夫的父母却一直在指责她的不是。我们这样不顾一切,伤害周围的人都要在一起,究竟是应该毫不犹豫地幸福生活下去,还是应该怀着负罪感走下去呢?

一段打了"预防针"的感情

如果两个人实在没办法割舍这种不伦关系，那么尽管会令周围事态变得麻烦，但结果只要两人能够一起，我认为这并没有任何问题。虽然我是打算劝你接受这个事实，但我们必须要思考一下为什么会出现这种"负罪感"。

女方的双亲无法接受这个事实也是没办法的。如同父母无法插手子女结婚一事，同理也不能干涉子女离婚。所以虽说父母反对离婚，但不必一定要按照父母的意愿去做。我并不认为父母能够理解，而且既然两人已经决定要在一起，那就无可避免地要面对来自父母或是周遭亲戚的责难。

至于和前女友提出分手时，对方各种愤怒的反应，那是再正常不过的事情了。在毫无征兆的情况下被分手，这对于一点思想准备都没有的女友来说，无异于晴天霹雳，所以她的态度也就能够理解了。你们二人想从各自的前任那里得到祝福，那是不可能的。但是，也并非说你们二人今后必须要怀揣这样的负罪感生活下去。

为什么会有罪恶感呢？你咨询是否应该"继续"怀有负罪感，理解这个问题有一个很关键的地方。因为对于你们二人来说，怀着负罪感很有必要。你们首先考虑到了世间的"常识"，你们自己认定了"常识"的概念，并希望得到他人的认同。所以你们认为"踌躇犹豫"是必要的，若是不"踌躇犹豫"，就好像自己变成了"坏人"。

　　这种负罪感虽然存在着一定的世间伦理方面的意味，但我认为并不仅仅是如此，这种负罪感也是为了防止今后感情无法继续下去时，给自己预先打的一剂"预防针"。两个人的关系需要双方共同努力，但假如真有一天这段感情无法再维持下去之时，就可以用"负罪感"作为理由。我认为，所谓"罪恶"的想法对于二人之间的关系毫无作用。

我丈夫出轨了

我丈夫出轨了。虽然他已经与出轨对象分手,而我也与丈夫继续维持着夫妻生活,但我怎么也忘不了他出轨的事情。我好想让自己失忆算了。我不想和丈夫离婚,想要像过去那样与他恩爱地生活下去。我该怎么办才好呢?

是真的"无法忘记"吗？

请忘记"像过去那样"的想法，应该拼尽全力地热爱当下。爱这种感情，是不会忽然在两个人之间滋生，但也不会突然一下子就消失殆尽，而是在此时此刻与对方达到了心灵上的沟通，那一瞬间你自然而然地萌发出对对方的爱慕之情。此外，如果总提起旧事并为之愤怒，夫妻之间就无法维持良好的关系。

因此，并不是真的"无法忘记"。事实上是因为需要"无法忘记"，所以才决定去"无法忘记"。那为什么需要呢？是因为要不断地明确丈夫是错误的，而自己是正确的这一点。固执地执着于这种正确，就是一种权力之争的表现。可即便证明了自己是正确的，但最后落得失去对方的地步，正确与否也就失去任何意义了。

不管是情侣还是夫妻，并非一开始就会面临这样的危机状况。刚开始或许可能只是一个个引起矛盾的小错误。很多人都讨厌在恋爱中只有一方在行动。这种心情我很理解。正如你想着对方，也希望对方同样地想着你，这样的想法与心情我十分地理解。但是，当产生希望对方眼里只有自己这种想法时，就会产生困扰。

有这么一个人，她与同一个公司里工作强度很高的男性交往。这时女方考虑到对方可能会忙到没法好好吃午饭，所以会很体贴地为对方准备午饭。到这一步为止，都非常美好，对方也会十分地开心甜蜜。但假若到了傍晚，当你去找他要回空饭盒的时候，却发现整个饭盒原封不动地放在那里，甚至连包装都没打开，又会是什么心情呢？我想很多人会感觉非常失望吧。

然后，女朋友就会开始频繁地发短信、打电话，希望对方能注意自己。但是，因为工作而忙得不可开交的男友，连回短信和接电话的时间都没有。于是女友因气愤而发出了丧失理智的短信。而变心或者说是出轨，往往就是在这种情况下发生的。虽然这肯定是一种错误的方法，但这也是希望对方注意到自己而采取的行动。

对于碰到这些行为的人而言，我希望他们不要把他人的这些体贴关心都当成理所应当的事。所以，男友在收到便当的时候，不要认为这是理所当然的，哪怕是事后补上一句感谢也是好的。我希望你能对对方说上一句："不用特别为我做这些，能看到你来我就已经很高兴了。"

比起爱对方，更关注是否被爱着的人，没有自信自己被深爱着。此时，移情别恋也就成为一种证明自己被爱的方法。当然，这绝非是改善两人关系最合适的方法。无论是因为出轨而生气，抑或是超越愤怒厌恶，最终两人之间的关系只会越走越远。

若想要重新构建两个人的感情，只需要放下情感中的权力之争。不需要特地去关心别人而引起他的注意，只要直率地表达自己对他的爱就可以了。

我老公容易发怒

　　我老公很容易发怒,吵架的时候会骂我:"去死吧,白痴!"同时还朝我扔东西,搞得两个人完全没有办法好好地沟通。而我也因为遭受这样的对待而非常生气伤心。要怎么做才可以让我们两个人好好说话交流呢?

冷落发怒时的丈夫

"争论"与"交谈",完全是两回事儿。而且你也说到"自己非常生气",那么很显然这就是一种争吵的状态。确实是他挑起的吵架,但你完全可以不用理睬他。正常情况下,若两个人关系比较亲近,其中一方生气,那么肯定会导致另一方也生气发火。

所以有一个方法,如果你没有办法阻止他发火,那就去一个听不到他声音也不会被他扔东西砸中的地方。毕竟,吵架单靠一个人是吵不起来的。

或者,你可以向他明确地表示:"被你这么说我非常难过。"至少在表达了这样的想法之后,你自己应该也不会再生气了。即使你已经生气了,你可以用冷静的语言向他明确地指出:"你这样说话我生气了。"重点就是,将你生气这件事传达给对方就可以了,没有必要真的大怒。

只想着阻止对方出口伤人,是无法阻止争吵的。事实上,可能是因为你的某些行为,让他产生了自己只能如此的想法。那么你也有必要审视一下自己的行为吧。

曾经有这么一个人,在丈夫挥舞着刀对着她的时候说:"你倒是砍给我看看啊。"结果你就可以想见了。一般这种时候,要么道歉要么逃走,不要用语言再激怒对方。

所以你需要的不是考虑如何阻止暴怒的丈夫，而是要思考是否自己本身说了什么话从而导致丈夫暴怒。当你这么去思考的时候，双方的关系才能够改善。

自我检讨反省的点有很多很多。是否你也责骂对方了呢？是否不够体察对方心思呢？是否抓住对方的口误而讽刺挖苦过对方呢？以及双方的交流方式等等。

很多人会说自己并不是故意要生气，而是不受控制地就发火了，但其实并非如此。事实上是自己想要愤怒，然后才制造出了愤怒这一感情。所谓"不受控制"，应该是明明自己并不想发怒但却控制不住地发怒；又或者是自己并不想发怒是其他人强迫我发怒。然而事实并非如此。

之所以会造成这种错觉，其实是因为在你决定要生气到实际发泄怒火之间所花费的时间极其短暂，所以你很难发现其实是你自己本身选择了去发怒而已。

例如，正在朝孩子发火的时候，突然电话响了。在最初接起电话说"喂"的那一瞬间，可能或多或少还是会夹杂着生气的情绪。但一旦知道对方是孩子的班主任时，立马语气就变了："平时真是让您费心了。"然后笑容满面地和对方继续聊天，如此这般直到电话结束。但是，一旦放下电话看到孩子的身影时，那一瞬间马上又切换回生气的状态。

那么，为什么要生气呢？那是因为生气的人知道，一旦生气发怒了，那么周围的人就会按照自己所说的去行动。

让周围的人按照自己所说的去行动，这就是发怒的目的。

如果有人发怒，那么身边的人会因为惧怕而听从于他。如此一来，发怒的人就可以借由愤怒这一情感而成功地支配他人。

问题在于，虽然你成功地利用愤怒来支配他人达到自己的目的了，但愤怒实在不是一个良好的手段。确实，这一次你让别人听你的话了，但对方并非心情愉快地接受你的指令。之所以说愤怒是离间人与人之间关系的一种情绪，就是这个意思。

这一类人除了使用愤怒这一手法之外，完全不知道其他任何可以达到目的的方法。愤怒只会引起争吵，如果对方并不按自己的意愿去做，那么仅仅只是在浪费体力而已。因此，有些人对于自己易怒，或者因为一点小事就立马生气这一点，感到十分苦恼。

"觉得自己易怒"，从这种说法中就可以看出来，他们其实已经意识到，自己对愤怒毫无办法。而且，他们并不是随时随地都在发怒，也并不是不分对象地乱发脾气。所以说，愤怒其实是在人际关系来往中，只在必要时候对特定的对象产生的一种情绪。

而被发脾气的那个人如果也同样暴躁生气的话，这样也相当于变相吸引了对方的注意，所以发怒的人就更不会停止发脾气了。例如上面的例子，无视发怒的丈夫正是处理两人关系的第一步。如果在职场上遇到这类人，可以采取不关注他们、避免争吵的办法来对待，但在夫妻关系和亲子关系中，如果有一方喜欢用愤怒这种情绪来表达的话，那么事情就会变得很麻烦。因为双方并不是一时的、短暂的关系，与这类人相处起来，时间就会觉得分外漫长。

没有人会一直在发脾气。如果真有这样的人存在，我倒还真想见识一下。假如有人一天之内总计发怒十五分钟的话，那么就会给周围的人留下"总是在发怒"的印象。

实际上人们并不会每时每刻都在发怒，所以不妨在冷静的时候，双方就发怒的事情再好好地商谈一次。

首先，当你有一件事情希望对方为自己去做的时候，希望你可以不要着急发火，而是以言语冷静地传达给对方。只要不是蛮横无理的要求，即便不发火也可以令对方接受的。如果因为处于愤怒的漩涡之中无论如何也不被理解接受的话，那么请在彼此冷静下来之后再尝试沟通一次。

事实上如果对方能好好控制情绪，以语言告知我需要去做的事情，我也会尽可能地满足对方的要求。若将愤怒作为一种手段，以此来达成自己的目的，也不是说完全不可能达到。但是一旦演化成争执，那么争吵的双方都会无法了解彼此最初的需求。

我儿子还在上幼儿园的时候,有一天回家路过超市就进去买东西。在那个时候,他经常会在玩具柜台或是点心柜台前哭泣并且不肯离开。一般这种情况,有的小孩会发脾气,有的还会边哭边发脾气。

这时候,我对儿子说道:"你可以不哭不闹,好好说话吗?"

于是,儿子停止哭泣说道:"如果你能买那个玩具给我,我就会很开心啦。"

如此一来,以后每当儿子有什么需求,就会用语言来和我沟通。这一点,无论大人还是小孩,并无任何不同。

无条件地接受对方

其次,自己生气发怒的时候身边的人能够给予提醒和帮助。当然,没有谁会不知道自己正在发怒,有些人只是不想承认这一点,有些人是真的完全不自知而已。因此,当你在生气发怒的时候,你要做的不是熄灭怒火,而是能够意识到这一点。

每当我发火的时候,我儿子总是会飞快地跑过来,一边笑着对我说:"爸爸,你的眉毛中间都皱起来啦。"一边用手指替我抚平眉间的皱纹。一旦意识到在发怒,怒火自然而然就停止了。

即便是些小事，随着时间的推移，愤怒的情绪也会影响并改变两人之间的关系。尤其是生活在一起的两个人，一定要有这个觉悟。经常会有人说自己的丈夫或是妻子，家里家外判若两人。而这也正是因为距离太近，反而难以看清对方吧。面对自己的家人，或许会展现出外人看不见的脆弱一面。不愉快时有之，发怒亦时有之。所谓夫妻，就是要做好互相接受对方不为人知脆弱一面的觉悟。

那些都是外人所看不见的一面。因此唯独自己能看到对方不为外人见的一面，这难道不是一件值得高兴的事情吗？当然，再亲密的人之间都要有一定的礼貌，不能频繁地把自己的不愉快情绪展示给对方。因为愤怒是一种会离间人与人之间感情的情绪，所以它不可能会让两个人变得越来越亲密。

当你选择与这个人共度一生，你就要接受他在别人眼中的优点和缺点，这才是你做出选择的"出发点"。你要接受他不同的一面，要无条件地接受他的所有。总而言之，即使有问题，即使和想象中有差距，也需要你能够完全地包容、接受对方的一切。

虽然我在这里使用了"优点"和"缺点"这两个词，但必须要声明的是，何谓优点何谓缺点，这个标准是模糊而暧昧的。为何这么说呢？因为两人在最初相识的时候，正所谓情人眼里出西施，所看见的都是对方的优点。但随着关系越来越深，对对方的看法也会发生变化，渐渐地就会变得只看得到对方的缺点。

例如，当初的谨慎沉稳，变成了现如今的胆小怕事；当初觉得对方温柔体贴，现在则变成了优柔寡断；当初的一丝不苟，变成了现如今的拘泥于细节；当初觉得对方心胸开阔，现在则认为对方神经大条。

并不是说因为这样那样的缺点，你变得开始讨厌对方了。事实正好相反，因为开始讨厌对方想要远离对方，才开始挑剔对方这样那样的缺点。

在我还是孩子的时候，有一次被我父亲狠狠地揍了一顿。那时候温厚的父亲一反常态，将躲藏在桌子底下的我拖出来狠狠地揍了一顿。虽然或许是因为我做了很过分的事情，但这是父亲第一次也是最后一次打我，我和父亲的关系在那之后并没有真的受到影响。更不用说，我会把这件事情不断翻出来当作疏远父亲的理由。

如今，我和父亲之间的关系一如既往的亲近，因此这段记忆也开始变得模糊起来，甚至最近我还在思考这件事情是否真的发生过。

如果你决定和这个人共度一生的话，那么从最开始就一定要有这样的决心。那些标榜精神至上而讨厌对方某些特点的人，需要多多练习如何去发现对方的优点。只要尝试去做肯定会有所体悟，虽然两人交往的时间很长了，若要真的去发现对方优点却并非一件易事。

那是因为对于很多人来说，阐述自己的优点是一件难事。很多人会觉得，如果不断地提到自己的事情，对他人不尊重，所以觉得还是不要说太多自己的事比较好。

有些家长总是会记录一些关于孩子短处、缺点以及问题行为，然后拿着这些小笔记来我这里做心理咨询。他们来了之后把这些事情一股脑儿说出来就满足了，然后也不听我的建议就回去了。对于这一点，我是十分震惊的。这些父母的目的其实十分明确。他们是希望证明一点，自己明明已经很精心地抚养小孩了，孩子变坏是小孩本身不学好。

这些父母认为，孩子变坏和父母无关。但事实并非如此，孩子正是因为父母的关系，才会在必要时做出某种问题行为，让父母看到自己的缺点一面。那是因为，父母并不会过多地去关注到孩子的正确行为。

"你不用我去特别操心。"如果你对孩子这么说的话，孩子会怎么想呢？于是，为了引起父母的注意，孩子们往往会选择让父母看到自己不好的一面。所以父母才会认为，孩子的变坏和自己无关。虽然我也很想这么认为，但实际上正好相反，孩子的行为深受父母的影响。换句话说，父母可以说是共犯。

即使是相同的抚育方式，也并非所有的孩子都会变得顽皮、无法管束。所以孩子会成为怎样的人，孩子本身亦有责任这一点不可否认。

其次，父母的这种态度其实也会伤害到亲子关系。假设你自己是孩子，如果父母把自己的缺点和短处到处和别人说，那你自然而然就会觉得父母和自己不是一边儿的。

同样的道理，也适用于夫妻关系。丈夫或妻子都只着眼于对方有问题的地方，是因为在最开始就决定不再维护双方的关系。

所以，需要多多练习去发现对方的优点，而并非着眼于缺点。一旦你看到对方的闪光点，决意让双方关系冷淡的决心就会受到动摇。

英语单词"respect"意为尊重，它来自拉丁语，意为"回顾"。我们要回顾那些平时我们在不知不觉间遗忘掉的事情。

"这个人在我心中，是无法取代的存在。""我和你虽然现在相爱着，但某一天终会分别吧。""所以在那一天到来之前，我们更加要珍惜现在的每一天，好好生活下去。"这样的想法，要不断地拿出来回顾。如此这般，心中自然而然会萌生出对对方的尊敬之情。

有缺陷也好，疾病也罢，哪怕与想象中不同，也要珍之重之地交往下去。将理想的对象从脑海中删掉，要共度一生的不是别人，是眼前的这个人。和他 / 她好好地相处，从心底尊敬他 / 她。这样的决心每天都要拿出来回顾一遍。

但问题在于,为了重建良好的关系而为此采取这些行动,在夫妻关系上并不是一定要这么做。这也是夫妻关系与亲子关系的不同之处。即使有问题,即使和想象中不一样,父母也不可能对自己的孩子弃而不顾。夫妻之间却不一定需要如此。

那么,你会选择怎么做呢?

和丈夫无话可说

　　孩子还小的时候,我和丈夫还是有很多话题的,但现在却变了,我们变得无话可说。我该怎么办才好呢?

当成不熟悉的对象去交往才安全

事实上,现在回头去看孩子还小的那段时期,可能你印象中彼此相谈甚欢的话题并不存在。即便真的存在,也并不是围绕两个人的对话。围绕着孩子的对话,并不能说是"和丈夫"之间的亲密聊天话题。当然,孩子的诞生、看着孩子成长对于夫妻来说是非常快乐的事。在那一段时期里,仅仅是听着孩子的欢笑声、看着孩子的睡颜,两个人就会感到无比的满足。

但是,关于孩子的谈话并不该是夫妻间交谈的所有内容。孩子出生之前,你们都聊些什么呢?恐怕都已经想不起来了吧。

丈夫下班回家后,妻子一句话也不过问,全都是在说这一整天孩子怎么样怎么样。丈夫会怎么想呢?暂且把关于孩子的话题往后挪一挪吧。当然,丈夫如果主动询问关于孩子的事情,妻子也会十分开心。

若要改善僵持的夫妻关系,我建议可以进行只有夫妻二人的约会。把小孩寄放在别处,约会期间也严禁谈论关于孩子的话题。例如,"那件衣服很适合我们孩子"这样的对话要尽可能地避免。约会结束后,在半路就分别,各自回家就好。这样可以帮助两个人回到结婚前或者说新婚时的状态。

夫妻之间对话少,也是很正常的事情。毕竟长时间生活在一起,不需要面面俱到地解释细节,对方也完全可以领会自己想要表达的意思。如果面对不熟悉的人，又或是像我父亲那样刚说过的话就会马上忘记的人，凡事就都必须反复解释说明，那对话自然也就多了。

如此想来，夫妻之间话少，也是挺舒服的一件事。但这种舒适感是一把双刃剑。若只是日常生活对话减少也就算了，但如果自以为很了解对方的心情和想法，而不愿意多费口舌去确认的话，这样就很危险了。

因此，即便是共同生活了很多年的人，也要把对方当成未知的、不熟悉的对象去交往，这样才是安全的。例如，饭后总是习惯来杯咖啡的两个人，说不定有一天也想换换口味喝红茶呢。所以不妨在饭后询问一句"你喝什么呢？"以此开始，多多增加二人之间的对话，这是行之有效的办法。

另一方面，无话可说的时候不要有心理负担，不用刻意去找话题。有一对夫妻，在星期天的早上并没有特别地去聊某些话题，电视机小声地播放着节目，两个人吃完饭就各做各的事情，看新闻的看新闻，织毛衣的织毛衣。偶尔抬眼看一下电视机的画面，有时候三言两语地交谈一下感兴趣的话题，一天也就这么过去了。

不需要连续不断地聊天，当然也并不是说一直保持沉默，若能这样随意而融洽地相处也是极好的。

第七章 为亲子关系烦恼

女儿不回家

我有一对儿女,女儿读高一,儿子读高三了。女儿从中学开始就不去学校,穿着打扮一看就像是个不良少女。经常惹麻烦导致警察找上门来。儿子正好和女儿截然相反,他努力地考上了重点学校,每天都勤奋刻苦地学习。儿子很听我们的话,也完全不认同每天都不去学校、半夜还在外面浪荡不着家、和他价值观完全不同的妹妹。虽然我们没有采取任何行动,但最近女儿居然开始回家了。作为父母虽然很开心,但在我们看不见的地方,儿子却嫌弃厌恶妹妹。今后我们该怎么对待女儿才好呢?他们兄妹之间的关系该怎么办才好呢?而且我还担心万一儿子受女儿影响也选择她那样的生活方式,我真的不知所措。

父母无法介入孩子的自身课题

很抱歉，父母几乎无能为力。

你的所有担忧全都是孩子本身需要去面对的课题。女儿现在不去学校，今后又该怎么办，这全都必须是由您女儿自己来决定的事情。无论她做出何种选择，父母并不能代替她承担任何责任与后果，最终只能由她自己来承担。所以，对于孩子自身的课题，原则上父母无法介入。

关于兄妹关系的问题，这也是属于孩子们自己的课题。若真的暗地里被欺负，这也是必须由您女儿自己解决的问题。如果孩子们不向家长求助，你们是无法进行干预的。你儿子虽然考上了重点学校，但看到妹妹这种荒唐的生活方式，也有可能会想要尝试过那样的生活。如果没有任何变化，哥哥或许会有顺遂的人生，但假如真的发生偏离目前人生轨迹的事情，那也是孩子们自身的课题。原则上父母对此事无能为力。

但是，也并不是说父母在对待孩子的问题上，就真的完全束手无策。您女儿最近开始回家了，那是因为她觉得是时候该回家了于是就回来了。你是否会觉得女儿不是每天都回来是个大问题呢？但如果她愿意偶尔回家，那么抓住这点有限的时间和女儿多多相处，这是父母力所能及的事。

偶尔才回家这一点是好还是坏，并不是问题所在。真正的问题在于，孩子不回家的话就没法同孩子好好相处了。只有回家来的孩子才能够有时间和他们好好相处，我希望你能从这点出发，好好思考一下作为父母有什么可以做的。

好不容易回家的孩子，迎接她的却是劈头盖脸的一顿臭骂，换做谁都不想要再回来了吧？就算不责骂她，但若对话只局限在"怎么这么久都不回来"上，孩子也依然不会高兴吧？总而言之，孩子好不容易回家来了，请把对话的焦点更多地放在"回来了"这一点上，哪怕只是说一句"好久不见"也可以。当你看到女儿许久不见的脸庞时，希望你可以用语言将自己的心情表达出来。开心愉快也好，还是对孩子归家的期盼也罢，都希望你能够将心情直白地传达给对方。

当父母将自己的想法与心情表达出来之后，孩子也能够听进去，接下来是会选择早点回家呢，还是再也不离开家了呢，这些就都是孩子自己的选择与决定了。作为父母如果能够以这样的方式和孩子进行沟通的话，就可以将企盼孩子下次早点回家的心情传达给对方了。所以如果对您女儿能够回家一事感到十分开心的话，就只需要表达开心就好。

假如你没有采取任何行动，但女儿最近经常回家了，这其中也存在着一定原因。以前她回家来的时候，你是不是会盘问她都去哪里呢？想来这种情况下，什么都不问的父母应该不存在。

孩子最讨厌的，是被父母无视。每当到家时说"我回来了"之后，家里人谁都没做出任何回应的话，肯定不会开心。无论是在家还是在学校，谁都希望自己有一种被需要的存在感。一旦感受不到这种存在感，那么会想方设法去寻求认同。

在阿德勒心理学中，感觉自己在这里真好这一感受，被定义为"归属感"，它是人类最最基本的需求。

因此，就算最开始父母不认为孩子不归家是一件令人十分烦恼的事，但也会采取一定的行动。这对父母来说是理所当然的事，但孩子却会认为"自己做了令父母烦恼之事，至少会被责骂"。从而以这种形式来获得父母的关注，用这种方法来获得自己在家庭中的存在感。

假如孩子主动做家务，父母不但不给予夸奖，反而得到一句"你不用做这些也可以，好好看书去"。这种情况下若孩子可以达到父母所期待的成绩的话，那另当别论。当无法满足父母的期待时，孩子就会开始做一些可以获得父母关注的"问题行为"。

做出一些"问题行为"的孩子在回家的时候就会被父母责骂，虽然没有孩子会想要被责骂，但比起无视来说，责骂也是一件令人开心的事情。于是，就因为这样的心理，越是呵斥孩子，她就会变本加厉地夜不归宿。

但如果父母不将注意力放在"不回家"这件事上，反而在孩子回家时表示出喜悦的话，孩子会感觉到困惑不知所措。父母的反应和自己预想的不一样，就算不特意做一些令父母困扰的事情，父母也会关注自己。若是孩子们发现这一事实，那么孩子就会渐渐改掉自己之前的问题行为。

前面我们曾说到，在涉及孩子自身的课题上，很遗憾父母几乎无能为力。小到孩子去不去学校，大到今后的人生该走怎样的路，必须要承认这全都是必须由孩子自己决定的事情，父母也尽量要做到不要介入孩子自身的课题。

以此为前提，再来考虑有什么可以为孩子做的事情。假如你和孩子的关系目前十分紧张，以至于和孩子说话都会令对方反感的话，那么你现在能做的就是不采取任何行动。和孩子保持一定的距离，说不定有可能反倒成为改善亲子关系的契机。

尽管我提议不要采取任何行动，但若想要改善关系、改变目前这种状况，那么还是有一些事情是必须要做的。

例如在孩子不去学校这件事情上，虽然说是孩子自身的课题，但有些父母就会干脆地撇清关系："和我没有关系啊。又不是我的人生，孩子的未来会怎么样我也不知道啊。"的确，去或是不去学校，主要是由孩子自身来决定，父母虽然不具有直接责任，但孩子是因为叛逆、因为想要父母困扰从而引起父母的关注才不去学校。这一点是父母不可回避的责任，所以希望父母努力改善与子女的关系。

此外，对于子女所面临的课题，父母可以进行一定的帮助，有些时候也必须提供援助。例如，关于未来的人生之路今后该怎么走，好好地和孩子进行沟通，非常有助于改善双方之间的关系。

所谓"不过分干涉的守护"的距离

有这么一个例子，有个孩子上初中三年级的时候就不愿意去学校了。在初三这个关键的节点上不去学校，如果对此不闻不问的话，我想作为父母来说是很不正常的。

所以有一天，这位母亲拿着两张 A4 纸来我这里咨询，纸上记录了孩子最近的一些情况。"我想把这些东西分发给学校的小孩子们，但我不知道这样做是否合适。"她说。

在我得知她还没和自己孩子商量之后，我提议道："不如先向您的孩子征询一下意见如何？"

孩子的回答是："妈妈，你不可以这么做。"于是，这位母亲放弃了这个念头。

但经过这件事，父母和孩子的关系明显得到了改善。此时此刻，这个孩子应该就明白了，父母是关心自己的。总而言之，以前认为父母完全对自己不闻不问，也完全不庇护自己，现在看来好像并不是这么回事。虽然很不喜欢父母的这种行为，但至少通过这件事孩子认识到，父母并非对自己的事情漠不关心。

后来这位孩子的父母把那两页 A4 纸给孩子的班主任看了。孩子的班主任在这学期结束开始放暑假前的结业仪式那天，带着班上的同学一大早来接这位孩子。"今天是这学期的最后一天了，一起去参加结业仪式吧。"

结果那个孩子拒绝了这个提议。于是，老师对孩子们说道："快到时间了，你们先去学校，我随后就来。"

但那个孩子追出家门朝离开的同学们喊道："谢谢你们！你们能来我很开心！"他不断地挥着手，目送着他的同学们离开。

对于这个孩子来说，这是一个重大的转机。他从第二学期开始，重新回到了学校。父母像这样静静地守护孩子、给予关心，他们并没有对孩子完全放任不管，也并没有强加干涉，很好地掌握了这两者之间的尺度。在深知孩子所作所为之后，依然能忍住不过问或出手干涉，这绝非是一件简单的事情。

提到兄弟姐妹之间的关系，如果父母只是简单地用责骂或褒奖的方式来养育孩子，就容易造成孩子们之间的竞争关系。例如，哥哥如果努力学习的话，妹妹就会不学习。如果妹妹有希望在学习上胜过兄长的话，那么或许就会挑衅兄长。但反之如果毫无胜算的话，那么就干脆选择不学习。

如同本小节提问中的案例，哥哥成绩优秀考上了重点学校，妹妹就完全不学习。父母如果能尊重孩子们不同的个性，例如，培养发掘妹妹在音乐、艺术或者体育方面的兴趣，这样两个人各有所长就没必要去攀比竞争了。但有的父母如果只把学习成绩当成唯一的、绝对的价值，那么一旦孩子达不到父母的期待时，就会想方设法通过其他手段给父母造成困扰，从而吸引父母的注意力。虽然这样的行为听着好像很不可思议，但很遗憾，这样的例子有很多很多。这也就是这个案例中，妹妹用同样的策略成功地吸引了父母的视线，孩子的爸妈不得不将更多的关注和关心从哥哥身上转移向妹妹。

对于把学习成绩好坏当成衡量成功标准的父母来说，孩子不去学校一事对他们来说是非常巨大的打击。希望父母明白这一点之后，不要再给孩子不去学校的理由。当然，即使父母意识到这一点并注意改善，去或是不去学校也是由孩子自己来决定。所以即使父母停止将关注点全部放在学习上，孩子也并不一定就会继续去上学。

我希望父母能够让孩子明白一个事实，即使不采取这些偏激的行为，作为父母对孩子也是十分关注的。

首先，停止唠叨，给回家来的孩子端上一杯茶，道上一句"你回来啦"。孩子好几天都没回家来了，今天好不容易回来了也不说关心一下，甚至连这几天的行踪都不过问，孩子心里会觉得不舒坦吧。但孩子好几天未归家，此刻好不容易回到"我"的身边来了，"我"就只需要思考怎么和在我眼前的孩子多多相处就好了。

虽然不知道未来会怎么样，但暂且只关注眼下亦无不可。对您女儿来说，父母会为自己的归家感到喜悦，能让她感受到家里有属于她的一席之地。一旦感到在家里待着也不错的话，那么说不定明天她也就会继续回家来了。就算事情并不如我们想象的那么顺利，她明天依然不归家，但她了解了父母并不会聒噪啰唆，那么也会成为改善亲子关系的一个契机。

当然，我也并不是说不去学校或者不回家是一件好事。我认识的一位年轻人，他从中学开始大约将近十年的时间都躲在家里闭门不出。他必须随时在口袋里放一本汉语字典，因为"我知道这样是不行的，但我不懂辞典的索引方法，如果碰到我不会读的汉字我就需要用这本字典去查"。虽然在学校学习是一件辛苦的事情，但可以学会许许多多的事情，例如，至少可以学会不用借助字典就可以看书。必须要明白一点，有些事情是只有在学校才能学会的。

虽然我在这里说了很多不去学校的缺点，但换个方面来思考，如果仅仅只考虑将学习的阶段延后的话，在学校没有学会的事情也并非说在今后的人生中就一定学不会。有些孩子只是因为大家都去上学所以我也得去,他们仅仅只是身体每天往返学校而已。比起这一类人,如果碰到自己感兴趣的东西,那么将学习的阶段延后的话,说不定反而学得更深入呢。

孩子两三个月不去学校,这位家长就开始恐慌。相对而言,那位五年十年闭门不出的孩子的家长就比较乐观了。

"托那孩子的福,我终于明白了人心之痛。""孩子还小的时候,我对他说了很过分的话。大概是小学三四年级的时候,孩子在学校被欺负之后哭着回家来,我呵斥他'你是男孩子,可不能哭'。现在想想,真是说得太过分了。"

任何一位父母都是在很努力地培育自己的孩子,此时此刻要尽可能地温柔以待。最后会得到怎样的结果,那是将来才会知道的事情,但此时此刻你只能选择温柔这唯一的方式。唯一清晰的一点是,你再也无法回到那一刻,以新的方式重新抚育孩子。

如果有必要的话,我觉得对孩子道歉比较好。有的孩子在谈起过去发生的事情之时,会要求父母进行道歉。但也有的家长表示"这一点我丈夫绝对做不到"。

虽然说道歉并不一定能够改善亲子关系,但却可以成为改变今后相处的契机。站在父母的立场来说,他们不会对孩子说"你别去学校了"。反而会说很多例如"别的孩子都去学校,你难道不去吗？这样你以后会找不到工作的呀"。这样的话。

即使言语冷静并不情绪化，但执着于主张正确的道理这一行为本身，就已经变相地与孩子在进行角力之争。而一旦如此，与孩子的关系不会产生任何有益的变化。

介入他人的课题

我母亲在她四十九岁的时候过世了，父亲当时才五十出头，但从那之后便一直鳏居至今。结果最近父亲开始信仰某种宗教了。当然，父亲的选择无可非议，唯一令我觉得困扰的是，父亲硬是要强迫我和他一起信教。

我年轻的时候与父亲的关系并没有任何嫌隙。直到我母亲去世后不久，当时还在念研究生的我结婚了，然后看上去完全没有任何找工作的念头。

然后父亲就不断地追问我"你打算什么时候找工作"，经常对我进行说教。那段时间我极度害怕和父亲单独相处。

人际关系的烦恼，都是因肆意介入他人的课题所引起。即使是亲子关系亦是如此。

我要找一份什么样的工作，这并非是父亲的课题，而是我自己的课题。也就是说，即使我不上班，所有的后果我来承担就好，和父亲并无关系。我也理解这是父亲对我的关心，但突然因不去上班一事遭到责难，引起了我的逆反心理。

那时候，我不想父亲这么关注我，我想要过自己的人生。所以那时候有一段时间没有和父亲联系，最终从父亲的干涉中解脱了。也因此，当父亲强迫我和他一起信仰宗教时，我感觉他又要来干涉我的人生了，于是对他特别的不耐烦。信教与否这都是我自己的事情，作为父亲也不能说三道四吧？

关于宗教信仰这事儿，我也不是从一开始就很反感的。我也不想因为这件事情再次与父亲的关系陷入僵局。我为难了很久，最终和我的精神科医生朋友聊了聊此事。他立即给了我答案："让他干涉吧。"

最开始我十分震惊且困惑，因为这和我预想的答案不一样。友人的建议出乎我的意料，他劝我不要和父亲进入角力之争的境地。虽然我明白，与任何人的关系一旦产生愤怒的感情，就已经进入了角力之争。但在不断阐述"我是对的"这一想法时，也同样进入这种状态。

让我意识到我和父亲正在处于某种意义上的角力之争，是那一天面对父亲一反常态的强硬态度，我忍不住高声顶撞了回去。

父亲当时这么对我说:"从我信教那一刻开始,其实也等同于你也信教了。之所以这么说,是因为不论发生任何事情都无法切断父子之间的缘分。"

或许父子之间的缘分确实无法割断,但我认为这和宗教信仰毫无关系,所以我顶撞了父亲:"这和我一点关系也没有,我不想听。"假如我只是阐述事实,没有提高嗓门也是好的。

但父亲显然被我的态度激怒了:"如果你不听我的话,我就再也不会在菩萨面前祈求他保佑你!"

"这是要让我变得不幸的意思是吗?"

"没错!"

我突然冷静了下来,对父亲说道:"……你刚才说父子之间的缘分无法割断,那种说话方式让我觉得你高高在上颐指气使。"

于是父亲也意想不到地爽快地承认了错误:"或许我说话的方式不对。"

接下来,我和父亲都停止了情绪化,冷静地继续聊天。

"我呢,其实年轻的时候碰到痛苦的事情,就产生过信仰宗教的想法。"

我对父亲太缺乏关心了,我还是第一次听父亲说起这件事。我很想知道那时候他碰到什么样的痛苦和烦恼。于是接下来我们父子俩畅谈了三个小时之久。

现在回过头去看,虽然我最终没有接受父亲信教的建议,但这成为我和父亲和解的第一步。虽然时不时还是会有无法理解的事情发生,但理解与赞同并不是一回事儿。

说到这里顺便说一句,碰到这样劝人信教,又或者是别人要求你做某件事情而你又觉得很难去拒绝时,有一个解决方法,就像孩子要求我买点心或者买玩具是一样的情况。

如果这时候耐心听对方的叙述,那么很容易被对方强词夺理所说服。因此,如果你想拒绝一件事时,最开始就不要听对方的话就可以了。

一旦你听取对方的话,就会令对方产生或许你可以接受的期待。而一旦你开始阐述不能接受对方要求的理由时,对方会认为这并不是拒绝的理由从而更加想要说服你,对方的这种期待感会愈发高涨。因此,不要阐述理由,直接打断对方的话并表示不想听,要朝着这个方向去解决问题。

如果是牵涉到工作又或者是接到推销电话时,这样断然拒绝是没有任何问题的。但如果是亲子关系的场合,断然拒绝肯定会导致关系恶化,那么就要慎重地考虑一下是否真的要拒绝对方了。不过父母会慎重考虑是否要拒绝孩子的要求,但反过来即使孩子拒绝父母的要求会导致关系恶化,父母也只有看开一点吧。

我对父亲说:"我想哪天和你一起去你常去的那家寺庙拜拜。"父亲于是就会十分开心。这样简简单单的一句话、一件事就可以让亲子之间的角力争夺有所缓解。

那之后,有一段时间我因为忙而疏于联系父亲,直到有一天父亲打电话给我说:"我想体验一下你一直在从事的心理咨询。"

我很怀疑自己是否能够为亲人做心理咨询。假如是没有利害关系的第三者,那毫无问题。但若是和我息息相关的人,这是非常困难的。

心理咨询的时候父亲聊起了妹妹的事情。如果事件的主人公是毫不相干的陌生人,我倒也是可以冷静、客观地给予建议和帮助。但一想到那是和我血脉相连的亲妹妹,所以我很难做到公平公正地去判断、去给予建议。

我们总是戴着面具

就算不是做心理咨询,父母子女之间在进行商讨"去学校啦、不想上班啦,结婚或者离婚"之类的这种本来只属于孩子自身的课题时,就会变成父母子女双方的共同课题。但即便如此,也不可以随意发表意见横加干涉。若不能慎重地表述自己的观点,那么父母子女之间的谈话往往会变得十分情绪化。

因为这样的情况十分常见,所以父母子女之间的沟通和交流,在大多数情况下难以进行。但是,也并不是说父母和孩子就完全无法沟通。孩子主动来找父母谈心,这十分有利于亲情的融洽。孩子的问题都只是孩子自身的课题,父母只能帮助孩子解决眼下所面临的这些问题并给予适当的建议,最终做出决定的还是孩子自己。若父母能够明白这一点,那么就可以和子女进行冷静的沟通了。

到了那时,父母不再是父母的角色,孩子也不是孩子的角色。双方都成为一个独立的个体来进行交谈。从某种意义上来说,这是非常可怕的一件事。

因为我们所有人,总是戴着一个称之为"角色"的面具生存在这个社会上。

英语里"person"这个单词,也含有"人格、假面"的意思。(personality 一词来源于拉丁文"persona",其本意是指演戏时演员所戴的面具)。

当一个人戴着"父母"这一面具时,才和孩子处得来。但是,我认为当一个人戴着面具时,是无法作为一个人类的同伴去相处的。

即使是医院的门诊室,也没有例外。之所以这么说,是因为在这里也存在着戴着面具的情况。医生和心理咨询师都戴着面具。于是来到医生和心理咨询师面前的人,自然而然就成为患者这一角色。

医生为什么都要穿着白大褂呢?其中一个原因就是要强调在患者面前我是医生这样一个角色使命。但是,我以前上班的一个医院,所有的医生就不会穿白大褂,他们都会穿上自己的便服。他们不把自己当成是一位治疗师,而是希望患者把自己当成一个普通人或者朋友去交往。

在家庭这个关系中亦是如此。只要家长戴着"父母"这一角色的面具,孩子就不会剥离"子女"这一角色面具。所以,不妨尝试一下把自己从父母这个角色中剥离开来,把自己变成孩子的一个友人,孩子才会愿意和这样的自己沟通。一旦你这么做的话,你就会发现孩子们自己也自然而然就转变了。

"不去批判孩子的话,一直倾听到最后"。这看似简单其实非常难以办到。那是因为作为"父母"这一角色去倾听孩子的话,没办法做一个沉默的倾听者,作为父母会觉得自己必须要发表意见。于是原本心情很好地打算沟通的孩子,也会变得闭口不言。我想,没有人会喜欢向那些听话听一半就开口批判的人倾诉吧。

就算不戴着面具，也可以和对方交流下去的方法也是存在的。那就是抱有好奇心、趣味感去和对方聊天。只要从这方面入手，那么聊天可以持续一个小时、两个小时。

我之前和父亲长时间促膝长谈时，会时不时抛出这样的问句："以前被上司欺负过？我都不知道呢，你以前都没和我说过。原来老爸你也是这么辛苦走过来的啊。"如此抱有好奇心和趣味感，那么可以和对方聊各种各样的话题。我父亲还告诉我，在我还小的时候，姑姑是个令人觉得可怕以及难相处的人，父母曾经加入了各种宗教团体，等等。我才发现原来我对亲人的事情知之甚少。

在聊天的时候要向对方传达一个信息，那就是我对这些事情抱有极大的兴趣。你看面对我这样的表现，父亲就会对我说任何话。但如果我直接反驳父亲说宗教是封建迷信的话，那么聊天就到此为止了吧？

不论聊天的内容是多么的荒诞无稽，也要做好倾听的姿态。下一步的问题才是，我虽然明白和理解你的所有话语，但并不代表我就赞成你的所有观点，我有权选择持反对立场。

尽管有时候可能连理解都成问题，但我仍希望你也能尽全力去理解对方的想法，然后再向对方表示你的不赞同。若对方选择和你不同意见一意孤行，可以以朋友的姿态考虑如何给予对方帮助。例如，孩子不想去学校一事，就可以如此对他说："虽然我希望你可以去上学,但如果你坚持不愿意的话,有什么我可以帮忙的事情你一定要告诉我。"

如果你无论如何也没法摘掉面具,那不妨给自己带上朋友的面具。例如,父母子女之间在沟通时,如果把对方当作家长或者孩子,是没办法冷静地进行沟通的。假如把面前的这个人想象成自己非常重要的朋友,那么就很容易知道怎么打开话题、怎么沟通是最理想的了。

如果对方是自己的友人的话,那么就可以做到不横加批判好好倾听,也不会胡乱干涉对方了。而且,因为只是假装这样一个身份,也不会真的产生"对方只是朋友,又不是我的课题,跟我没关系"这样置身事外的想法。

孩子终将会离开父母

我的孩子越来越独立,越来越不需要我了。我心里头既感到高兴又有点寂寞感伤,该如何是好呢?

关于养育孩子的最终目标

难道不是完全高兴不起来吗?

有一个男孩子,他在该上初中的那三年一直宅在家里闭门不出。在他初三下学期,大概十二月份的时候,他的母亲来我这里做心理咨询,对我说:"我儿子终于走出家门了,这还是今年第一次踏出家门呢。"

现在都是十二月份了,才"今年第一次"踏出家门?我对此不敢相信,在我的重复追问下,这位母亲强调"真的是今年头一次"。意思是,从一月份开始从未踏出家门一步。

于是,我又问她,"那他今年头一次出门去了哪里呢?"

"去了书店。"

那个男孩子去书店买了一本电脑相关的杂志回来,于是我知道他们家里肯定有一台电脑。

我问这位母亲:"您了解互联网吗?"得到的答案是她第一次听说这个词汇。那个年代互联网还没有像如今这么普及。

"您儿子肯定很了解,您不妨回家问问他。这是个很有意思的东西呢,可以和完全不认识的人互相发邮件哦。"

听我这样说，这位母亲十分吃惊，回家后迫不及待地找儿子聊了关于互联网的事情。

接通了互联网之后，不久这位男孩与五六位网友开始互发邮件聊天。这其中有一位是定时制高中的老师，在与这位老师每天的邮件来往聊天中，这位男孩子开始对去学校产生了兴趣。

有一天，他终于对他母亲说道："妈妈，我要去上高中！"

你是不是以为这位母亲听到自己的儿子说要去上高中会很开心？事实并非如此，这位母亲却感到头晕目眩、犹豫不定。虽然嘴巴上说希望儿子去学校，但身体的反应却很诚实。

"我想这是因为，对于孩子闭门不出这件事，虽然您嘴巴上说着讨厌，但其实内心深处是希望孩子一直待在家里待在自己身边的吧。或许您是希望他能够早日像其他的孩子一样正常去上学，但突然真的实现了，却又在心理上无法接受孩子的突然离开。"

听我这么一说，这位母亲立刻反应过来好像是这么回事儿。

"于是，当孩子说想去外面、想去学校的时候，觉得孩子背叛了自己希望他待在家里的期待，所以受到了极大的打击。"

假如是父母自己一手安排了这一切："我认识一个定时制高

中的老师,我介绍给你认识吧?""你和他聊聊吧。"孩子遵从了父母的建议,认识了这位老师,然后最终在这位老师的影响下愿意去学校了,我想父母这时候就会心满意足了吧?

然而,实际情况是孩子在父母所不知道的地方自主行动,擅自(在家长看来是这样)决定了自己的人生。父母无法立即接受这样的一个事实。他们可能需要一段时间才能接受这个事实,但直到那之前,他们身体上的症状是一时无法缓解的。

让孩子离开父母独立生存,是养育孩子的最终目的。

虽然孩子在最开始若没有父母的帮助就无法生存,但最终还是希望孩子能够独立生存。但是,父母无法"赋予"孩子独立这一技能。

假设孩子真的在父母的帮助下获得了自立,但从孩子的角度来说,那不是"自立",而是"他立"。孩子从来都是以父母意想不到的方式,离开父母独立生存的。

所以,不想承认这一点的父母,在面对孩子自立一事上,无法由衷地感到喜悦,反而会悲伤愤怒。但是,这种情绪只有家长自己想方设法解决,孩子毫无办法。

当孩子的结婚对象不符合父母的期待时,就容易和父母发生争执。家长如果对孩子表示"如果你和那样的人结婚我就死给你看"之类的,孩子也只有对父母敷衍了事"我和他只是短暂交往啦"。虽然可能也不至于这么激烈地表达反对,但即使父母只是说"我心里很难受,我求你不要和那样的人交往",孩子也拿父母毫无办法吧。

我经常会劝说那些全职妈妈去外出工作。这能让她们创造多少经济上的价值我不敢保证,但投入工作若能让她们短暂地忘记和孩子相关的事情,这就是最大的价值了。那位儿子常年宅在家的母亲,也下了重大决心出去做兼职。我去她工作的地方探望她,她一看见我就对我说:"我现在比待在家里快乐百倍。"

父母要有自己的生活,要学会享受自己的人生,不管遇到任何问题孩子也有他们自己的人生,这是完全不同的两个命题,我希望父母能够首先将这两者区分开来。

我的孩子撒谎成性

我女儿正在上小学六年级。四年级的时候,因为我们做家长的变换工作地点,所以给她转校了。五年级的时候因为生病就完全没去学校上课。最近她经常去学校的保健室等地方,但我怎么也无法接受她去学校却不上课。前几天,都快要到睡觉了,她从学校突然打电话回来说:"我肚子痛,要回家。"我明知道她在说谎,但还是对她说:"家里有药,那你回来好好睡一觉吧。"但等孩子回来看到她那张脸又控制不住自己的脾气。我的大脑很清醒地知道要控制自己的脾气,但行为却不受控制,我该怎么和孩子好好相处呢?而且,这样的想法虽然很傲慢,但我以为只要我自己率先做出改变,那孩子也会改变的。

只改变自己就好

很多父母都认为,只要自己以身作则率先做出改变,孩子自然而然也会跟着改变。而一旦自己改掉了某些缺点,孩子却依然如故的话,父母就会变得十分愤怒。你要明白一点,你并不是为了改变孩子才去改变自身的。你要做的是纯粹地只改变自己就好。

另一方面,有的父母会产生十分自责的心理:"孩子变成如今这样,全都是我这个当家长的错。"也有的父母会试图寻找主要责任人:"这孩子变成如今这样,到底是谁带坏的呢?"相比起后一种,容易归咎于自身的父母,更容易顺利接受我们下面的观点。

当然,我认为"孩子因为父母的错才变成如今这样"这种想法是不对的。对于这种类型的父母,假如有一天孩子真的获得了成功(这样的孩子凭何种特质成功还是个很大的问题),他们很容易就会认为"多亏了身为父母的我们才成功了呀"。但事实并非如此吧?成功来自孩子自身的不懈努力。把成功归咎于自身的这种想法,和把孩子的缺点也归咎于自身的想法是一样的,这样的父母都是情不自禁地就处于支配地位。

孩子不是因为父母的错误才"变成如今这样",从父母那儿受到的影响也有限,但不可否认父母的影响力是极强的,和孩子相关的部分需要去改善也确实存在。但是,如果父母过分认同这个想法，努力地去自我改变，孩子的态度却纹丝不变的话，父母就会马上去攻击孩子。

"我不是为了改变孩子而先去改变自己，我仅仅是为了改变自己而改变"，若是有这样一种信念，那么孩子或许会随着父母的变化而做出改变，但或许也会毫无变化。父母的变化与孩子的变化之间，毫无因果关系。首要你需要知道的是，孩子是否会做出改变是孩子自己的选择。

我经常听到很多家长说："你说的这些我脑子里都明白得很，但是行动上却控制不了。"实际上，若是真的明白，就没有所谓的做不到、控制不了这种说法了。但脑子里明白总比不明白要强。

首先，请明白一点，愤怒不会拉进你与对方之间的关系，而是会把对方推得越来越远。这种称之为"愤怒"的感情，我在前面也重复过很多遍了，这是一种离间人与人之间关系的情感。若你与孩子之间的关系变得疏远，那是无法去帮助孩子的。大家或许都不会去违抗一个愤怒的人，但也不可能真的完全服从这样的人。

关于"明知道她在说谎"这一点，我认为姑且就这么接受"我肚子痛"的说法就好。怀疑孩子在说谎这件事，就相当于完全不体察孩子的心思，直接只因为孩子的话就对孩子下了判断。当然也不是说说谎是一件好事。如果说肚子痛是谎言的话，那是因为孩子认为不撒谎就不能回家。我希望父母能够和孩子建立一种不需要谎言的关系。

孩子在放假的时候还玩得很开心，但是一到星期一的早上就开始嚷嚷着肚子痛，借此磨磨蹭蹭地不愿去幼儿园或是学校。相信很多父母都曾经历过这样的事情，此时此刻心里也一定想着肚子痛是谎言借口吧？

我碰到这种情况时，我就会问孩子："那我该怎么做才好呢？"孩子会怎么回答，其实早就心中有数了。

果不其然孩子说道："我想你给学校打电话。"孩子请假休息的话是不可以自己打电话向学校申请的，需要由父母出面。

于是，我接着问道："那在电话里我该怎么说呢？"

"你就说我肚子痛要请假。"

于是，我就给学校打了电话。但我可不打算说"孩子今天肚子痛想要请假，请让他休息一天吧"之类的话。因为其实我并不打算让孩子请假。

我仅仅只是传达了孩子的意思。

我估计电话那边的老师十分震惊吧。我仅仅只是作为一个传信使，把孩子想要说的话代替他说出来，仅此而已。

向学校传达孩子要求请假一事，假如成功地不用去上学，那么孩子头痛、肚子痛的症状就会马上消失了。家长看到孩子又活蹦乱跳了就会比较困惑，既然这么有精神那就上学去。实际上头痛、肚子痛这些症状，都是为了不去上学。一旦确定了不用去学校，那么这些症状自然而然就没必要存在了。

说到这里您可能已经明白了，总而言之，父母需要让孩子明白，他们不需要用生病作为借口。例如，平时就要传达给孩子这样一个信息，不一定要生病才不用去上学。

对此，我能给出的建议是，是否去学校由孩子自身决定。我不要对孩子说不用去学校也行。孩子去学校是为了学习，家长不应该勉强他们去学校，而是要让孩子自发地想要去学校。

如果孩子突然不愿意去上学了，我想任何一对父母都毫无例外地会过来做咨询，希望我能帮助孩子重新回到学校。但是很抱歉，我对此毫无办法。因为我并没有直接和孩子进行沟通。假如是孩子亲自来做心理辅导，去不去学校才能成为沟通的主题。

但假若只有家长前来咨询的情况下，我只能够开导对方不要过分介意孩子是否去学校，只能够建议对方就算孩子待在家中也不要和孩子吵架以及和孩子融洽相处的方法。总而言之，假如你是来咨询怎么改善和孩子的关系，那么我可以侃侃而谈。

假如是进行这一类的咨询，我可以帮助你改变和孩子之间的关系。有些父母看到孩子只会说一些"快去学校""差不多该上学去啦"之类的话，假如哪一天说话的内容不再提及任何关于学校的事情，这对于孩子说来就会感到很惊讶。有些家长对我表示过："孩子待在家里的时候，基本上都会心情很好哦，但一旦提到学校的事情，就会变得不愉快。"孩子之所以会生气、愤怒，是因为他们知道责任在身。例如，早上因为起不来而要迟到的时候，明明应该要早起一点的，他们也知道起不来的责任在于自己。

正因为知道这一点，他们在父母面前不愿意坦诚地承认自己的责任。本来简单的一句"我没起来"就可以解决事情，但他们会更愿意说"不知道怎么就没起来"。而父母那方可能就会说一些多余无用的话："你以为几点了！"于是一大早就开始了争吵。

孩子在心情好的时候，不要提学校的话题，不如谈一些孩子喜欢的游戏或者歌星。以此为突破口，让孩子感受到和父母也是有共同话题可以聊的，这样双方的关系自然而然就可以得到改善。

但是为了和孩子搞好关系而去迎合孩子的话题，这个企图是很容易被看穿的。当你迎合孩子的兴趣爱好去聊天的话，那情况就有意思了。

结果，"我爸妈突然变了""总觉得哪里很奇怪"，孩子发现了父母言行上的变化跑来咨询的案例也是有的。在我对这对父母心理咨询两年后,有一天有个人来对我说:"我有一件事想要咨询一下。"然后,我们就"今后的人生之路要怎么走"展开了讨论。

这个谈话当然可以在父母和孩子之间进行,但关于是否去学校、今后的人生该怎么走,这都是孩子自身的课题。不消说,父母无法代替孩子生存下去,即使是和孩子好好商量过,父母也不能命令孩子必须要怎样怎样去做。如果父母真如此做,那么孩子也不会与父母再进行任何沟通。

至于今后该怎么办这个问题,没有任何答案。即使孩子的生活没有任何重大的变化,父母对孩子的事情不再耿耿于怀、烦恼非常,那么就可以说是向前迈出了一大步。假如家长为孩子的事情而苦恼着,那么你有没有想过孩子作何感受呢?换句话说,孩子会从家长的苦恼中学会什么呢?父母所烦恼的事情,会把孩子变作敌人。

假如对于孩子不去学校这件事,父母不但不在意反而每天都在外十分开心,大概就会有人闲言碎语"孩子都不去学校了,他(她)怎么还能开心得起来呢"。所以,烦恼是因为不想听到他人的闲言碎语。如果你表现得十分苦恼,那么就可以博取世人的同情。但是,烦恼又会将孩子变成敌人。那是因为,"我明明如此认真地抚养他长大成人,那孩子要是变坏,肯定会被世人嘲笑的。"一旦有这种想法,我想和孩子的关系也是不会融洽的。

孩子看到父母为自己的事情所苦恼，会怀有罪恶感。不愿意去上学的孩子有一些是非常温柔的，他们并不是那种可以随意出口伤害的小孩。和那些习惯去上学的孩子不一样，他们是因为看到了太多的事情而无法去学校。

这样一个温柔的孩子，是不会忍心看着父母烦恼的。如果询问他们："你是希望妈妈看起来每天都开开心心的呢，还是都愁眉苦脸的呢？"毫无疑问他们都会回答："不要有什么烦恼，妈妈每天都很幸福的话我会非常开心啦。"所以说，不要在意社会的眼光，父母正常地表现出高兴的心情就可以了。

我孩子抽烟

我们现在一家七口人住在一起。大儿子和小女儿在上私立学校,大女儿在公立中学念三年级。学习成绩大儿子和小女儿比较好。我老公是老师,舅舅和姑姑也都是老师,所以他们的价值观都认为学习比任何事情都重要。假如说一句不想去学校,就会被他们狠狠地说教一番。其实大女儿在初中二年级的时候就说过不想去上学了,现在她还学会了抽烟。我现在对她爸爸还隐瞒着,真是愁死人了。

不需要预先给予帮助

身边的人都是老师，您女儿自然而然会感受到很大的压力。所以假如考试不及格的话，那就是她自己的责任。父母要对自己的孩子有信心，即使你不提供任何援手他们也可以自己完成。身边的人也一样，就算你说这说那，那也是那孩子和别人的事情，和你没什么直接关系。

如果您对您女儿说："你有什么烦恼的话可以和我说，我会尽可能帮助你的。"但若对方说"希望你说服其他家庭成员、让他们改变对自己的看法"的话，这一点是很难办到的吧？充其量也就只能当当她的传信使，向其他家人转达她的想法。但要注意的是，不要代替她去解决原本属于她自身的问题比较好。

从现实方面来说，在何种家庭中成长、父母是何种价值观取向，这些都是毫无关系的。例如，假如孩子为考试不及格而烦恼，那么确实有可以提供帮助的地方。但假如事情还没发生，那就不可能说"我觉得她应该很烦恼"而打算预先给予帮助。所以，我认为与其告诉对方"有什么烦恼可以和我说"，还不如当面什么都不说比较好。

阿德勒心理学绝不是说建议放任自流。有些父母会对这个观点产生误解，然后造成家庭混乱的放任状态。养育的目标是让孩子能够独立生活，所以对于孩子自身的且有能力自己解决的问题，若父母插手的话可能造成孩子的依赖性。有的父母会把孩子的烦恼当成自己的责任而想方设法去帮忙，我希望这些父母可以从这种观念中解脱出来。

我父亲在横滨住过很长一段时间，那时候他每年仅仅只回家几次。那会儿，我发现我儿子一边看电视一边吃饭，而且根本不在餐桌上好好吃饭。我就在想，该怎么处理才好呢。老实说，对于儿子不在餐桌上吃饭一事，我倒也不是特别烦恼。因为当时这孩子还在上小学，总是一边吃饭一边喋喋不休地给我进行"科普"。

"据说人类在濒死的时候会经历一种临死体验。迄今为止经历过的人生都会如同走马灯一般在眼前闪现而过。但那其实并不是真的临死体验，是大脑中一种称之为'海马体'的组织造成的……"类似的话会连珠炮似的吐出来。

虽然这些内容都很有趣，但毕竟是在吃饭，所以有时候会不知不觉地走神。这种时候儿子会马上指责我："爸爸，你有没有在听啊？你没有在听我说话吧！你这样子怎么给别人做心理咨询啊！"所以比起这样，儿子不在餐桌上吃饭反而更能够慢慢地进食。

孩子类似的种种行为，其实并没有给周边的人带来实质上的困扰。当然，也不是说这些行为就是恰当的、合适的。这种实质上没有给他人带来麻烦，而又不能称之为恰当的行为，在阿德勒心理学被称之为"中性行为"。

例如，上课的时候有学生在睡觉。作为老师来说，学生不认真听课肯定不是一件开心的事情。虽然有时候很想敲敲学生的头把他叫醒，但不听课考不出好成绩的话困扰的也只是学生自己，并不会给老师或其他人造成烦扰。但是，若他和邻座的人在上课的时候窃窃私语，就会妨碍到老师授课，也会给认真学习的其他同学，带来实质性的烦扰。上课睡觉可以放任不管，但是上课窃窃私语就不能当作没看到了。

对于这样会给别人造成烦扰的行为，这就是问题了。你有权利要求对方进行改善，但并不意味着可以不分青红皂白地训斥对方。

对于中性行为，要尊重本人的意愿，如果对方没有请求你去干涉，那你就没有去干涉的权利。就像孩子看上去好像没怎么在学习，你也不能要求对方"快去学习"。不好好学习是孩子自己的问题，因不学习导致成绩下降对家长来说也不构成烦扰，所以对于这种中性行为，还是不要干涉比较安全。

但若是你无论如何也要进行干涉的话，那么就有必要制定一个步骤，让这个原本只是孩子的课题变成孩子和父母的共同课题。例如，可以对孩子说："我最近看你好像都没怎么学习，我想和你谈一谈，你看可以吗？"大约你会得到一个"不要"的回答。

还有一点需要补充的是，有一类中性行为无限接近恰当行为。那就是自我牺牲的行为。

自我牺牲并不是一个恰当的行为,之所以把它归结于中性行为,是因为谁都不会去阻止这一行为,但若强迫他人也进行同样的行为是非常危险的。有时候被众人广泛称颂的以自己的身体作为盾牌在歹徒面前保护孩子,其实有可能只是被吓呆了,身体无法移动而已。就算没有牺牲自己保护他人,那些不在现场的人也无法指责他。

话说回来,我父亲从横滨回家来的时候如果看到孩子不在饭桌上吃饭,肯定会说"你怎么教孩子的,这样子太没家教了"之类的话。虽然这件事对我来说没什么实质上的困扰,但被父亲如此指责并非我的本意,也并不希望培养出一个没有责任心的孩子。我自负平时都和孩子处于一种对等的关系,但孩子不在餐桌吃饭的责任都会归咎于父母,所以该怎么办呢?我也很苦恼。

于是,我对儿子说:"爷爷回家来的时候,吃饭要在餐桌上吃可以吗?"如果儿子对我说"不要"的话,那么谈话就到此为止。但儿子思索了一会儿,同意了我的提议:"那好吧。"

这种情况下,孩子了解了父母的困扰,如果孩子断然拒绝了父母的请求,那也是因为借着让父母陷入困扰的方式从而引起父母的关注。

等到父亲终于回家来的那一天,儿子果然像他承诺的那样,每天都安安分分地坐在餐桌前吃饭。但是一旦父亲不在的时候，又变成在电视机前吃饭了。我虽然很失望，但因为上面说过的原因，我打算静观其变。

几个月之后，父亲再次回到家中。我想没有必要再次交代同样的事情，即叮嘱儿子要在餐桌前吃饭。如果我又一次对此事进行叮嘱的话，那么父子之间的信赖关系就会崩坏。那么事情的结果是什么样的呢？父亲回家来之后，儿子依然像之前承诺的那样，每天都安安分分地坐在餐桌前吃饭。

不久之后，在父亲不在家的场合，儿子也一直会在餐桌前进食了。如果以责骂的方式或许可以让孩子马上坐在餐桌前吃饭，但是强迫没有任何意义。我希望让他学会的是，一个人吃饭虽然也没问题，但是一起吃饭才有更多的欢乐。所以，领悟这一点的儿子最终按照自己的意愿选择了在餐桌前吃饭。

经常会有妻子前来咨询"我老公总是很晚回家"的问题。这种情况也像孩子在餐桌吃饭一样，首先需要让丈夫产生想要回家的念头。如果妻子很凶悍的话，那么即便丈夫早早地回家来也不会开心吧？

在父亲在家的那段日子里，有一天，父亲想给他的朋友打电话。但那时候儿子正在打游戏，且游戏音量特别大。根据我上面的言论，这种情况已经对他人造成了实质性的烦扰。虽然这是可以出言阻止的情况，但也要制定一个必要的步骤。可父亲二话不说直接关闭了电视机的电源。儿子虽然没有生气愤怒，但直到父亲回横滨他都没有开口说话。

因为父亲归家而要求孩子在餐桌前吃饭，这是家长为了让自己方便。但是家长若能以商量的口吻征询孩子的意见，孩子并同意这个提议，这才是我想搭建的平等亲子关系。

在某个精神病院的青春期科室，患者们每天晚上都要抽烟，为此工作人员实在是非常困扰。且不说医院是禁烟的，本来这些未成年人也是不能吸烟的。

护士长每天晚上都苦口婆心地规劝他们："请停止抽烟。这里是医院哦，你们也都还是未成年吧？！"但只会得到如下的答复："是吗？不能抽烟吗？我不知道啊。"抽烟的行为也并未停止。很明显他们是明知故犯。

某位兼职精神科医生某一天收到护士长的请求："医生你也劝阻一下他们吸烟啊。"

"我没法做那样的事。"虽然他坚决拒绝了护士长，但经不住再三请求，某一天晚上他来到这帮年轻人的跟前说了一些话。

从第二天开始，再也没有一个人抽烟了。

最震惊的当属护士长。

"医生,你到底对他们说了什么啊?"

"那可不能说哦。"

他坚决不肯告诉护士长那一夜所说过的话。

"我不能说,说了你肯定会生气的。"

"我发誓绝对不会生气的。"

于是,他终于坦白了。

"我是这么说的,你们不要在护士长面前吸烟就好啦。"

听了此话的年轻人们说道:"我知道了,医生你也有你的立场吧,我们尽量不给你添麻烦。"

家长和孩子之间需要建立的也是这样一种关系。在亲子关系上能做的事情实在是有限,如果可以和孩子建立良好的关系,那么或许孩子愿意和家长合作。

无论何时都请和孩子保持平等的伙伴关系。就像我重复过很多遍的那样,不要代替孩子解决他们自己的问题,要让孩子学会承担自己的责任。在此基础之上,在有必要的时候给予一定的帮助。

家长一旦觉悟，关系则可以改善

本提问中母亲的话给我一种她站在孩子的对立面的感觉。你身边有多少和你同一立场的人都是没有用的，你必须要下决心站在孩子的那一侧。若你有此决心，那么你会发现很多事情都会随之产生变化。

但是，大多数的爸爸妈妈们以及老师们，对孩子对学校（世人）都想要两面讨好。但这是不可能的。站在孩子这一边就意味着将学校（世人）放在了对立面，甚至或许将爷爷奶奶、老公也放在了对立面。

面向孩子，就意味着背对着学校（世人）。因此，身体面向学校（世人）的同时也想向着孩子，就会造成只有头部在脖子上打转。这样想想都很痛苦，而且这样也无法帮到孩子。

所以，不妨下定决心背向世人，哪怕只有一个人也想站在这个孩子的身旁成为她的伙伴。当孩子知道这件事之后，态度肯定就会发生改变。之后，再和孩子好好谈一谈有什么你可以帮助她的地方吧。

假如家长有此觉悟，关系必然可以改变。关于抽烟的问题，我当然是不赞同的。但我想她也是出于某种原因才会吸烟的，我想不妨好好沟通一番了解一下原因。在大多数情况下有时候原因是当事人自己都没意识到的。

父母可以率直地表达出自己的困扰。未成年人不能吸烟这一点她肯定也是明白的,所以一上来就讲这种大道理肯定会遭到抵触。

有一位青春期女孩的母亲曾对我说过这么一段话:对于女儿抽烟一事烦恼的点在哪里呢?到底厌恶的点在哪里呢?仔细想来,不过是担心自己的朋友到家里来做客的时候看到女儿抽烟罢了。

所以她对女儿说道:"妈妈的朋友到家里来做客的时候,虽然很抱歉,但你可不可以在自己房间里吸烟呢?"

"这一点倒是没问题。"女儿很愿意配合她。

就算因吸烟而被周围的人指责、批评,那也是她自身的事情。万一被看见的话,也没法退回到被发现之前。她肯定也知道父母知道自己抽烟一事,所以也没必要故意去隐瞒这一事实。假如你真的担心哪天被她父亲、爷爷、奶奶发现会狠狠地责骂她的话,我想你大可以坦诚地将这份担心告诉她。

虽然有可能她会说"这点不用老妈你操心啦"。但至少你可以尝试问一句:"那妈妈有什么可以做的吗?"或许她就会说一些心里话呢?假如真的愿意告诉你心事,那么你就可以尽一己之力做些力所能及的事了。

假如一个家庭中有三个孩子，那么老二肯定是最不受关注的一个。老大和老三的学习都很好，只有老二成绩不好，考虑到这个家庭中以成绩优异为价值观的事实，老二就有可能借此获得父母的关注。

"其他兄弟姐妹学习成绩很好，只有自己成绩不好；其他兄弟姐妹都很受欢迎，只有自己与人相处不来；自己总是失败的那一个。"要避免让孩子产生这样的想法，所以切记不要助长孩子的竞争心理。

上面我说过，在大多数情况下抽烟的原因连当事人自己都没有意识到。假如学习上无法得到父母的认同，那么就有可能借着吸烟来激怒父母，令父母忧心，从而博得关注。

我希望父母可以向孩子传达一点："你不需要做任何出格的事情，我也一直都在关注着你。"孩子并不会无缘无故地试图让父母感到困扰。

阿德勒不主张"关爱不足"这一观点。在溺爱娇养中长大的孩子，会无法遏制地希望从父母那里得到关注。其实，他们被深深地爱着，却依然不断地寻求关注。

所以，一开始就不断受到夸奖的孩子，如果哪天不再获得褒奖，就会突然做出一些令父母头疼的事情。想要不断地受到父母关注的孩子，一旦父母少关注一点点，就会感觉自己被无视了。与其被无视,哪怕通过被骂的方式也要获得父母的关注。所以,责骂虽然可以让孩子一时停止出格的行为,但不久又会明知故犯。

所以,当孩子的某些行为令父母感到头疼的时候,父母能做的事情就是要传达给孩子"不需要特地做一些好事来获得赞扬,也不需要做一些出格的行为来获得关注,父母永远是认同你的"。以此帮助孩子在家庭中感受到存在感。

请想象一下自己进入一个谁也不认识的学校的时候,是不是会很不安呢。但是,不久就会有人来和你打招呼,然后会交到很多朋友。最初觉得很尴尬很不喜欢的学校,会渐渐地觉得在这里也很不错。类似这样帮助孩子找到存在感,让他们由衷产生在这里真好的感觉,那么孩子的行为会自然而然地做出改变。让孩子明白,他们不需要特地去做一些在大人看来很成问题的行为。

因此,父母可以从一些适当的事情开始。所谓适当的事情并非是指特殊的事。孩子眼下不管是何等模样,他们能够活在这个世界上对于父母来说就是最开心的事情了。所以可以把这一心情传达给孩子:"只要你好好地活着,爸爸妈妈就很开心了。"早上孩子起晚了的时候,不要指责他"你以为现在几点了",可以转而表示"你好好地活着就很好了"。青春期的孩子,会有什么反应还真是不好猜呢。

来做心理咨询的父母们,都会诉说自己的孩子这样那样令自己头疼的事情,但谁也不知道将来的事情。对于未来的人生来说,我们无法得知孩子现在的状态具有何种意义。诚然,现在和其他孩子相比可能处于下风,但从长远来看,从人生的结局来看,并不能认为就这样到底了。

我宁可在人生的初始阶段就开始苦恼、受挫,这样反倒是很重要的一个学习过程。顺利地考上大学、找到好工作、顺遂地结婚,如果这之后再遇到什么重大挫折那就真够受的了。所以,年轻的时候受点挫折,不像自己的兄弟姐妹那样顺利地考试、入职,那样也不错不是吗?家庭中如果有一个人有这样的想法,那么孩子在真正遇到挫折的时候不但可以给予援手,而且也可以给孩子做出榜样。在这样的教育中长大的孩子,将来有一天为人父母,也可以对自己的孩子宽容以待。总之,无论孩子发生任何事,都要用平常心对待。

希望能以乐观的心态面对人生,实事求是地看待现实,不要纠结于不可能发生的事情。或许无法做到对孩子现在发生的事无动于衷,但可以直面现实,尽自己所能做自己可行的事情。这就是乐观主义精神。

乐天主义虽然听起来和乐观主义很相似,但其实大不相同。乐天主义者秉承的是"没关系,到时候总会有办法"的理念,实际上不采取任何行动。这其实是一种逃避精神。话说回来,这也总比秉持"无济于事"的悲观主义要好一些。悲观主义者会选择放弃而不采取任何行动去努力。而真正的乐观主义精神是,虽然我不知道有什么办法,但肯定不是毫无办法,总之我选择先做我力所能及的事并确实付诸行动。

阿德勒会避免用悲观的语言去描述世界,他会宣扬世界是充满希望的。他认为教会孩子乐观主义精神是十分重要的。

不论发生任何事情,首先要思考这件事情存在的意义在哪里。

虽然毫无意义的事情也会发生在人生历程之中,如莫名其妙地卷入天灾人祸的死亡之中。

这种天灾人祸之类的事情,就算事件发生的当时不明白其意义,但是总有一天会发现这些艰辛的经验也极具意义。例如那时候我没有考上大学,但是许久之后会觉得这也挺好。人生中会出现很多很多这样的事情。

虽然事过之后会产生"挺好"这样的想法,但这想法却不是自动出现的,而是以你去努力释怀为前提。

如果当时你按部就班地顺利地做着某一份工作,可能你就没法做着现在这份工作、邂逅现在的这个人。让这份邂逅成为有意义的存在,是你不放弃、执着努力的结果。

你不采取任何行动,天上是不会掉下馅饼砸在你身上的。世上所有的事情也并非真的毫无办法可言。遇事不应怀有"总会有办法"的等待心理,可以做一些力所能及的事,相信事情肯定会得到改善。这是肯定、一定以及确定的。

孩子在学校被欺负

我上小学三年级的女儿突然说不想去学校了。这是从来没有过的事情。我也问过是不是在学校里发生什么事了,但是她也没回答出个所以然来。在我的再三追问下,才终于坦白在学校受欺负的事情,被同学把文具盒、鞋子什么的藏起来。作为父母该怎么处理比较好呢?

有些孩子把欺负同学作为王牌

孩子会做出一些让父母很为难的事情。有这么一个例子，有一位小学生在快要放暑假的前几天突然发烧了。这个孩子的父母都是学校的老师，这会儿正是忙着做学期末成绩单的时候。显然不可能让发烧的孩子一个人留在家里，所以父母必须交替请假在家照顾孩子。"眼看再过三天就放暑假了，这时间真是……"孩子的妈妈不禁叹气。但从孩子的角度来看，再过三天发烧的话，父母就不会觉得为难了。这一点孩子是非常清楚的。

孩子会选择在令父母感到最为难的时候做一些令父母感到最棘手的事情。父母不感到麻烦的事情孩子是不会做的。教师的子女如果变成不良少年的话，作为父母会很困扰吧？患有进食障碍的孩子有身为营养师的父母，也是可以理解的。这是因为整天不断被父母说关于吃饭的事情，进食就成了双方的矛盾点。

关于孩子欺负人的问题，如果处理不好的话很有可能产生十分严重的后果，所以家长必须慎重对待。孩子知道这样会令父母很烦恼，所以孩子会把欺负人作为一张王牌，以此吸引父母的关注。

有那么一个孩子，他在一间很小的学校上学，在学校里经常受到其他同学的欺负。有一天，他的父母在他身上发现了瘀伤，刚开始孩子只说是摔的，后来才坦白是被同学打了。父母十分震惊，马上就联系了学校。老师也上门来了。发生这种事情学校方面会有这样的反应也是应该的，但必须要注意的是，这个孩子看到大人们这么紧张的反应，到底会从中学会什么呢？

据那位家长说，班上有这么一个欺负人的孩子，这孩子并不会特别针对谁而是欺负班上所有的孩子。再进一步打听下，得知那个孩子确实经常欺负其他同学，有的孩子一靠近那个孩子就会逃开，有的会大哭，有的会跑到教师办公室求助；但只有这位家长的孩子只会呆呆地一直站着。

在这样的情况下，孩子并没有自己主动去解决问题，而是由家长出面去学校、去欺负人的孩子家里找他的父母说理。如此一来，这孩子就学会了，原来自己不用做任何事情，周围的人都会替自己去行动。

家长在看到孩子身上有瘀伤的时候，一方面要准备自己出面去解决，但我建议不要完全代替孩子去行动，而是要和孩子一起思考该怎么去行动比较好。进一步说，在这样的事情发生之前，父母在与孩子平时的沟通中，就要注意不能让孩子认为必须做一些特别的事情来吸引父母的注意力。

我不想和爸爸说话

　　我一点都不想和我爸爸说话,能避开就避开。住在同一个屋檐下不说话不行吗?

要下决心去改善关系

我不认为是"不行"的。以我自己来举例,我是想要和父亲"说话"的,因为我一直以来都避免和父亲说话,这一避就避了二十多年。有时候我也会产生和这个人说话的想法。

我一出生,父母的年纪就比较大了,所以我对父亲年轻的时候毫无印象。忽然有一天,就发现父母已经非常年迈了。头发已斑白,前额多了不少小细纹,雄心壮志也渐渐消失了。我感到很害怕,明明精神矍铄,明明很有精神的一个人,一下就衰老了或者说虚弱了。

当我意识到父亲已经变成一个老头的时候,我对父亲的感觉就变了。虽然现在我还能看见我的父亲,但说不定这一面或许就是最后的一面。

没能好好和父母聊聊天,我对此十分懊恼和后悔。我的母亲,她因脑梗死去世。我对脑梗死这个病毫无概念,以为是年纪很老才会得的病,所以四十九岁的母亲患上脑梗死,我却对这种病一无所知。

我以为脑梗死是只要接受治疗就会痊愈的病。母亲出院后就开始积极进行康复训练,恢复状况也很好,我很乐观地以为她马上就可以痊愈了。但没想到,一个月后的某一天,母亲突然在厕所倒下了,病情急速恶化。救护车起先送我们去的那家医院没有办法进行全面治疗，所以我们又转到了一家有脑神经外科的医院。母亲的身体每况愈下，终于最后完全失去了意识。失去意识后两个月母亲离开了人世。

母亲住院的那段时间，我每天从晚上十二点陪床至第二天傍晚六点，一天十八个小时都扑在病床前。这种状态持续了两个月，我的体力就到了极限。再这么下去，我自己的身体会先垮了。但没几天，母亲就去世了。有时候我会自责，如果我没有自己支撑不下去的想法，母亲的生命会不会再延续一段时间呢？

后来当我回忆起母亲最后的那一段时光，母亲当时是有些任性的。母亲经常指使我这样那样："我现在就想吃冰激凌，你快去给我买。"现在想来那样的任性也不错啊，但当时我的心里是有点埋怨的："我研究生也不念了，不眠不休地在医院照顾你，怎么还对我用这种语气说话。"

再后来母亲失去了意识，两个月都躺在床上。我才后悔不迭，若是在母亲还能活动还有意识的时候，多替她做一些事情就好了。

虽然从母亲最初在厕所倒下开始，三个月间我寸步不离地在医院陪护，但恰巧最后的那一天是母亲的友人代替我照看她。那位阿姨对我说："你身体也受不住了吧，今天我替你照看着，你去休息室睡一会儿吧。"

于是，我就去休息室躺着了，但没过一会儿电话响了起来："你妈妈的病情急剧恶化了，你快点过来！"当我赶到的时候，母亲已经离开了人世。

我根本没办法接受母亲竟然这么快就离世的事实。护士在我身边取下母亲身上的点滴管和所有的针筒，然后将母亲仔细地擦拭干净。

这么长时间以来我一直陪在母亲身边，但在她临终的时候却没能陪在她身边。这件事情我不敢对父亲和妹妹坦白。要是坦白的话，我肯定会被父亲狠狠地骂一顿。那时候的我并不信任父亲。父亲没能在母亲临走的时候陪在她的身边，我也十分后悔自责自己也没能陪在母亲身边，所以那时候不想被指责"你明明就在医院，你到底都干了些什么！"假如我说实话的话，以那段时间父亲和我的关系来看，被谴责是显而易见的事情。

因为经历了母亲的事情，所以每当我和父亲吵架的时候，就会想着这说不定就是最后的对话了。要趁着还能好好说话的时候把自己想要说的表达出来，这是我的想法。我不想再经历母亲去世时候的那种悔恨。

父亲因为患有心绞痛，所以接受了冠状动脉搭桥手术。手术需要疏通导管变窄的冠状动脉，用胶皮气球将狭窄部位撑开，然后将动脉支架放进去。这个手术只需要局部麻醉就可以，没有达到心肌梗死之前，只需要住院几天就可以出院。所以这个冠状动脉搭桥手术理论上来说并不是一个很难的手术。

但是，谁也没想到父亲的状况急剧恶化，半夜的时候医院打电话通知我。等我到医院的时候都已经清晨了，那一天我在医院一直陪到晚上十一点钟。那期间父亲一直情绪高涨地和我聊天。

平常如果只有我和父亲两个人的话，气氛总是很尴尬紧张。但或许是因为当时是在病房这样一个场所，我和父亲不但聊了很久，我与父亲的关系、我对父亲的看法全都有了改变。

在此之前不论我们之间关系如何恶化，要改善关系也并非是完全不可能的。只是，不论是亲子关系也好，夫妻关系也罢，想要改善关系首先要致力于下定决心去改善。关系是靠双方一起去搭建的，一方若做出改变，那么另一方也不会说完全无动于衷。

就算你现在无法立刻下定决心去改善关系，那也不要贸然与这个人决裂。就当是给自己做好心理准备，即使将来有一天关系若真的得到改善，到时候也不会感到惊讶。

任何一段关系都是复杂艰难的，与亲生父母的关系永远存在于血液之中不可改变。来做心理咨询的人大部分是因为子女的问题所困扰，他们和子女之间的关系，也还是比较缓和的。目前，陷入子女养育问题漩涡之中的人可能还没有发现，他们认为的子女问题其实是夫妻关系问题。等他们意识到这一点的时候，那已经是第二阶段了。但是，假如是夫妻之间没办法处理好双方关系的话，那就只有分手一条路了。当然，这并不是一开始就推荐的办法。

话说回来，父母与子女之间的关系是无法切断、割裂的。就算孩子说"我不要爸爸妈妈"了，也无法消除存在血缘关系这样一个事实。和自己亲生父母之间的情分会持续到生命的最终，如果这份关系无法修复的话，那么就会永远存在一个心结。即便不是必须要修复的亲子关系，父母和子女之间也不是说就可以做到毫不相干。

在我三十来岁的时候，我的一位友人曾对我说过这么一件事。虽然当时的我还无法理解其中的意义。

我的这位朋友在美国求学的时候，对父亲的思念之情十分之强烈。所以他马上就打了个越洋电话给他父亲。父子之间的矛盾由此和解，关系恢复如初。

他对我讲这件事的时候，正是我母亲去世那会儿，也正是我和父亲的关系迫在眉睫急需解决的时候。就我个人来说，我和父亲之间的感情还是有的，但我想有些人即使和母亲或者说和双亲的矛盾没有解决，但感情仍是存在的。

父母子女之间要修复关系又能够相对独立，也是有方法的。我在前文中也说到过，即使是亲子之间也必须摘下所谓父母或子女的面具。把眼前的人当成自己的父母的话，就没办法忘却至今为止所发生的许许多多的矛盾，就很容易产生激动愤怒的情绪。只有超越了双方的身份，从身份利益关系中脱离开来，亲子之间是否有感情才是问题所在。

我很担心年迈的父母

　　远在乡下老家的父母年纪已经十分大了,所以总是很担心他们在生活上是否有不便之处。我和父母的关系好像过分亲近了,我该怎么做才好呢。

只要把他当成初次见面的人就好

首先,你可以从"有什么能尽力的事情吗?"出发。实际上,离父母那么远能为他们做的事情很有限。虽然可以经常给父母打打电话,询问一下他们的近况,但难免因为工作和生活的关系而造成疏忽。等很多人都反应过来的时候,父母已经很需要人照顾了。

现实点儿来说,到那时候光有关心是不够的。所以在到那一步之前也不要担心,专注地充实自己的生活和工作也不失为一个办法。

有一次,一个人独居的父亲给我打电话的时候,我听到他的声音十分虚弱。询问下原来父亲身体不是很爽利,通话结束后我就一直很担忧他的身体。但是,反倒是我突然因为心肌梗死住院了。

父亲的情况倒是反过来了,他的身体一下就康复了。还跟我说等我出院的时候要开车来接我呢。因为自己的孩子生病了,感觉自己可以为孩子做一些事情,所以马上就恢复了健康。虽然这并不是一个积极向上的好例子,但比起不需要操心孩子的任何事情,反而是有所牵挂、有所不安,甚至是对孩子的某些生活方式感到愤怒的父母更能够保持健康。

对于日渐老迈的双亲,你所能做的仅仅是未雨绸缪,哪怕不能面面俱到也好，从现在开始力所能及地为他们做一些事情。父母虽然会觉得孩子平时过分调皮很棘手，但真到了孩子生病发烧病恹恹提不起劲儿的时候，无论如何也希望孩子早日恢复。不论何时，父母总是希望孩子好好活着的。这种想法并不单单只在孩子生病的时候，它每时每刻都存在于父母的心中。

所以我们在面对老迈的双亲时亦是一样。承认"力所能及之事"存在价值的人，反而渐渐不再和父母沟通，因为他们认为父母年纪大了，以前能做的事情现在也做不了了。

但是，即使父母看起来什么事都做不了了，但在家庭中出现问题矛盾的时候，父母的作用仍然很大。父母是一个家庭团结的象征，很多人在父母去世之后才意识到这一点。

以为社会做出贡献来衡量人类价值的人，在自己年老做不了什么事情的时候，有些人就会变得悲伤抑郁逃避现实，有些人会患上老年痴呆症也正是因为这个心理因素。因此，我希望作为子女，都能够注意到父母对家庭的贡献，要多和父母交流。现在开始，最起码你可以对父母表示："你能健健康康的我就很高兴了。"

自从那件事之后，我父亲开始需要人照顾，没办法一个人生活了。父亲虽然回到了这个与母亲一起生活了四分之一个世纪、我从小成长的家庭，但过去的事情他全都忘记了。站在子女的立场上，迄今为止的争执还未得到解决，其中一方却把过去的事情都忘干净了。怎么想都觉得很不公平啊。但若是父母忘记了过去之事,那我们也只有忘却过去和对方相处。

虽然父亲现在能记得我,但即使有一天他不记得我是谁了,我与父亲的相处方式也仍不会改变。那就是,保持着"今天我和这个人是初次见面"这样的观念就可以了。

我知道要做到这一点非常不容易。"此时此刻的这个瞬间我和这个人是初次见面",怀着这样的想法然后开始新的一天。那一刻,过去已经不复存在。怀着这种心理,必要的话尽早改善和父母的关系,等真到了父母需要照顾的那一天,心理上的感受也会不一样吧。当然,就算还没做好心理准备,父母需要人照顾的这一天突然来临的话,也并不是说就为时已晚了。

我婆婆总是无缘无故地指责我

我婆婆总是无缘无故地指责我。经常是捕风捉影、自己胡思乱想的事情就会给我打电话，但我也一直都忍着没有发怒。我不想和婆婆发生争执，所以总是退让，但事实上我真的很生气。这种令人焦躁的状况该怎么处理才好呢？

"但我不这么认为"

当认为自己是正确的时候,真的很难收住愤怒。即使愤怒没有表现出来,但心里头认为自己是对的,对方是错的的时候,愤怒的情绪就会进入一触即发的状态。

你可以先试着这么想:"虽然我现在是对的,但可能也并非绝对的正确。""虽然我认为自己是对的,但部分人或许不这么认为呢。"这种想法是很重要的。

认为自己是绝对正确从而产生争执,若要避免这样的状况,不妨尝试如此说说看。"原来婆婆你是这么想的啊。"然后继续表示,"但是,我不这么认为呢。"理解与赞同是两回事儿。或者表示"你说的事情我都知道,也表示理解,但我并不认同"。当然,有时候可能连理解也不能。如果既无法赞同,也无法理解的话,那么至少要摆出理解对方的姿态,向对方传达你并不是在否认对方的想法。

在这个提问的案例当中,当事人认为自己是绝对正确的?所以根本没必要生气。有时候,因为对方说的是事实,自己会被戳中痛点而感到愤怒。例如,父母对孩子说:"快去学习。"孩子会感到愤怒。

其一是因为,学习与否是孩子自身的问题,父母如果强迫孩子学习那就是插手了。人际关系的纠纷,就是由插手他人的问题又或是自己的问题被他人插手而引起的。当父母亲不假思索地说出"孩子还没怎样怎样？"之类的话语时，拿孩子怎么办确实是夫妻之间的课题，但孩子就会觉得明明就不是父母的问题，却要被横加干涉。

另一方面是因为，假如孩子事实上真的非常努力学习，那么也不会被父母说"快去学习"这样的话吧？就算真的在很努力地学习，也不会在意被父母这么说吧？但是，假如孩子并没有努力学习，"快去学习"这样的话是一个正确的言论，这样的指责并非无中生有，而他们又不想承认自己真的没有努力学习这样一个事实，那么孩子自然而然就会恼羞成怒。

这种情况，就只有让孩子自己去解决，让孩子自己去承担自身行为所造成的后果。因此，假如父母言论是错误的，那么置若罔闻便好，但如果父母的指责确实是真实的且你自己也认为必须要改正的话，那么就要抛弃被他人干涉自己问题的不快，做自己应该做的事情就好。

被他人指责自己不好的地方，其实并没什么好悲伤和失望的。世上哪里都有这种人。对我误解的人、并没有认真了解我的人，周围太多太多了。不管我做什么，看我不顺眼的人，讨厌我的人，即使在职场上也总是有那么一个两个。

当然，对自己认同、抱有好感的人也确实是存在，但这样的人也并不多见。摇摆不定见风使舵的人、态度变来变去的人，却有很多很多。我们想要来往的并不是这样的人，而是那些不讨厌我的、对我认同的人。只有认为自己不好的人，才会总是关注其他人，然后导致自己心烦意乱。

但是，或许对方也并不是那样认为的，对不对？而且有些人可能并没有注意到，其实是自己的言论触到了他人的逆鳞。我在母亲病床前陪护的时候，有人会说"你身为儿子这么做也是理所应当的"，也有人说"你没去学校很好啊，可以照顾母亲呢"。我觉得一点也不好，好不容易才考上研究生，正当我要开始新的人生目标时，却没法去学校上学，不得不说我当时是很懊恼悔恨的。但我并不会因为那些人的言语而令自己心烦意乱、愤怒或是消沉。在那种人身上花费精力是不值得的，因为那种人而让自己的人生变得不快乐就更不划算了。

换个方式来说，那种人存在于世界上，对我们自己也是有好处的。因为，他们的存在正是用来证明我们自己始终贯彻着自己的生存方式，遵从自己的人生方针始终如一。正因为我们遵循了自己的生活方式自由地生活下去，所以才会有人来说我们的不好。所以，如果有人讨厌自己，这正是我们自己自由地生活着的证明，也正是自由地生活着的代价。这也是没有办法的事。

换个角度来看，如果你的周围没有任何人说你不好，那应该是因为你的人生过得十分不自由吧。因为你对每个人都会表现出好的一面。这种人的人生是没有方向的，因为不断地在意他人的脸色，说一些他人喜欢听的话。这样当然谁都不会说你不好，也不会四处树敌，但却要过着束手束脚的人生。

如果问我要选择哪一种的话，那我宁可选择就算被人不喜欢也要尽情生活的人生。

以前，我曾在一家医院工作过。因为工作量非常大，渐渐地身体就支撑不住了。那时候，院长对我说，"是不是因为你上班时间之外的事情太多了，才导致过劳了呢？"但其实上班真的非常忙，到家基本上倒头就睡。早上非常早就出门，晚上很晚才回家，导致那时候女儿都来问我："你都去哪里了？"

工作本身很有价值，所以我当时十分满足，但我想如果保持这种状态的话自身就会枯竭。"Private"一词原本具有"争夺、夺取"之意。也就是说要从公共时间中夺回自己的时间的意思。因为如果没有努力夺取自己时间的心情，是不会受欢迎的。

所以我在休息日的时候，开始逐渐一点点地尝试做一些翻译的工作。当然我也并不是说翻译一些和工作毫不相干的书籍，而是选择一些和神经病、精神病相关的书籍，翻译它们对于心理咨询的工作来说也是有帮助的。但是，这就被说成了过劳的原因。难道休息日的时候打打高尔夫什么的就完全没问题了吗？什么都不做慵懒地度过休息日，或许才是必要的吧。

但是，如果连休息日都没办法自由支配，我认为是没办法继续好好工作的。当然也有人会说，为了生活下去，哪怕工作太辛苦、对工作有很多不满，也不能为了拥有自己的时间而贸然辞掉工作。人生无法重来，仅有一次，难道你是为了自己以外的其他人而活？如果你连这点觉悟都没有，那么你是无法得到自由的。

我都这么说了，你是不是在想我是否毫不犹豫地辞职了呢？实际上，虽然因为这份工作身体都过劳了，但是我真的很想继续干下去，如果因为生病最终不得不辞职那我也毫无办法。

于是，我在医院做了全方位的精密检查，结果却是一切正常。年轻的医师对我下的诊断是："不需要治疗。"于是，我没有接受任何治疗就出院了。那位医生曾想让我接受心理治疗。因为虽然找不到病因，但是身体确实出现异常了。但我却认为这样就草率地用"心理因素"下判断是不合适的。

就这样我错失了辞职的时机，结果有一天我从医院回家的路上不小心一脚踏空把脚给崴了。这下终于可以辞职了，但我希望不是因为伤痛才辞职，而是单纯地主动辞职会更好。

我请假三周没去上班，直到我痊愈。我以为我不在的话，医院的工作肯定会乱成一团，但其实并非如此。休假后第一天上班的那个早上，妻子开车送我到车站。

那时候我对妻子说:"我想要辞职。"

她说:"我就猜到你会这么说。"

试着和棘手的人来往看看

回到之前的话题,你婆婆其实也很辛苦,在你身上也耗费了很多精力。为什么这么说?因为你婆婆为了要对你百般挑剔,必须一天到晚都要想着你的事情。所以,对方有自己的问题,就算是说一些无中生有的是非也且随它去,自己切不可被那些无中生有的是非所左右。

类似你婆婆那样的人的存在,不正是证明了你自己是自由地生活着么?希望你能秉持着这样的想法,顽强地生活下去。不妨将被他人讨厌转化成一种快感,且事先做好被他人所不喜的准备,然后你就会发现实际上别人并没有你想象中那么讨厌你。

为什么在你与婆婆的关系中,你会感到心烦意乱呢?如果你并不期待被你婆婆所理解的话,理论上你应该就不会被婆婆的任何言行搅乱心绪。此外,若与长辈之间的关系陷入权利之争,而你又执着于所谓的对错的话,那么实际上事情并不仅仅是表面看到的这样。

如果只将问题的正确与否看作关键所在,那么即便被指出错误之处,也只要回复一句"哦,原来这样啊"便足够了。但事实上你对于认错一事却很不甘心,你认为一旦认错就代表自己输了,又或是认为自己遭到了谴责或是批评。比起说话内容你更在意说话的对象是谁,而并不在意说话的内容,和谁在说话才是头等大事。

因此,即使被指出的是同一个错误,且说话的人是一个心平气和的人,有的人还是会产生一种被人批判的感觉,从而情绪低落。只要将注意力放在说话的内容上,而不去在意是由谁的嘴巴说出来的话,假如对方说的是错的,那就当成耳旁风听听也就过了。若真的发现自己有做得不对的地方,必要的话也可以道歉,然后纠正这个错误就行了。

还有另外一个办法,那就是敢于尝试和棘手的人来往。在我与我父亲的关系上,我就选择了这个方法。

首先,你要明白,你婆婆恐怕并非总是一直在说你的坏话。假如深信有人会一直从各个方面说自己坏话,很容易陷入误区。当然她不可能是一直在说你的坏话,你只是没有注意到这一点而已,或者说只是不想承认这个事实而已。对方或许也真的有时候满脑子都是自己的事情,那就需要重新认识你和你婆婆之间的关系。

跟婆婆是否要搞好关系,这需要由你自己去决定。但并不是只能由你决定。如果你决定要搞好关系的话,那么就有必要看到你婆婆好的那一面,然后去尊重她。我尊敬对方,但并不意味着就能让对方也尊敬我。尊敬这事儿,就和爱情一样,都是勉强不来的。

其次,并不只有对方,自己也要重新审视是否有需要改正的地方。有可能是你的某些话语或某种行为让对方愤怒。例如类似挑衅的行为或者情绪化地责骂对方等。

而且,如果你与那个人生活在同一个屋檐下的话,那么你只有选择尊敬她这一条路。尊敬他人是不需要理由的,就如同讨厌一个人也不需要理由一样。例如,你婆婆经常指责你一些"莫须有"之事,她讨厌你也是不需要理由的。总而言之,就是决定要讨厌你而已,没有什么理由。

和讨厌的人(正确来说,是视作讨厌的人)来往时,如果一开始来往就认定这个人惹人厌的话,那么你只会越来越讨厌他。

不论是孩子还是伴侣,抑或是双亲,都适用这个道理。早上起床的时候脑子里会无意识地滑过很多讯息,例如想着"啊啊好讨厌啊,今天还要和那个人一起",又或者想着"啊啊,好郁闷啊"之类的。你这么想的话,就会成为现实。假如没有成为现实,那也只是一个例外而已。

尊敬对方,并不是因为对方有怎样怎样的优点,而是要尝试着把对方当成自己最敬重的人去来往。如果你决心去这么想的话，那么说话时候的言语肯定会发生变化。

和婆婆以何种方式相处，是由你来决定的。

父母干涉我

　　我谈恋爱的事情被父母发现了,父母勒令我上学期间不准谈恋爱。我该怎么办才能让父母允许我谈恋爱呢?他们会不断地询问我"和谁去做什么呢?""你和谁在玩呢?"等等,我就不一一说明了。后来他们更是在我在外头玩的时候不断地打电话给我,好烦啊。就连兼职赚的钱也要交给父母管理。我也知道父母这是为了我好,但我也不是高中生了,实在是忍无可忍。

子女的课题、父母的课题

明明不是高中生了,又或者即便还在上高中,但父母以毫不讲理的方式管束孩子,说是为了孩子好。确实如你所说,这样的父母有很多,即使这样的行为会惹孩子不高兴。

实际上,在父母的心中,孩子永远都是孩子,也希望永远也只是自己的孩子。他们并不想看到孩子长大成人之后离开自己的那一天。事实上,在孩子还小的时候,父母并非一定要让孩子按照自己的想法成长。现如今是孩子离开自己独立的关键时间段,倒也不是说完全不想承认这个时候,但还是希望能够阻止这个不可抵抗的过程。于是他们就会从生活的各个方面去管束孩子,试图以此来掌控孩子。

像是恋爱或者结婚,这本是孩子自己应当担负的责任。即便失败了,即便感到痛苦万分,即便孩子遇到了饱受困扰之事,逻辑上来说父母是不应该感到困扰的。

一切人际关系的烦扰,都是因肆意介入他人的问题所引起。"不准谈恋爱""和谁去哪里做什么"之类的事情,如果父母试图了如指掌的话,那么孩子和父母唱反调也是理所当然的。

有一位父亲,他有三个女儿。他也发生了和这个提问者相同的情况,在试图干涉孩子们的事情的时候遭到了排斥。当我点出:"您对孩子们的事情真的是担心的不得了呢。"他很坦率地承认了。

出发点是没有恶意的。但这份担忧的心情要怎么处理才好，他却不甚明白。

我也有一个处于青春期的女儿，哪怕回家晚了点儿我也会很担心。但是，这份担心无法由孩子来破解。为什么这么说呢？因为这属于父母自己的课题。逻辑上来说，父母自己必须采取一些行为去解决它，而不能对孩子说"我这份担心你得想办法解决"，对吧？

"但您的这份担心却无法传达给孩子，所以备受困扰对吗？"我这么问道。

那位父亲答道："是这样的。"

父母不知道该采取怎样的行为才好，然后就会想，在这些事情上千万不要放任孩子。但是，这样试图掌控孩子的父母，在孩子的角度看来，只看得到他们施展父母权威的一面。如此一来孩子叛逆、反抗也是正常反应。

我反抗父母

我的父母总是喜欢施展作为家长的权威,我就会产生反抗心理,然后我们总是发生争执。该怎么办才好呢?

父母认为自己必须要做些什么

我个人并不建议年轻人反抗自己的父母，即使父母的行为奇怪、不可理喻。虽然父母总是把子女还当作孩子，但另一方面，在对子女的言行上却并不是对待孩子的方式，反而会说"快点成为一个大人吧"之类的。他们并没有发现自己言行前后不一致。有的年轻人只要和父母一碰面就会争吵，也有的人和父母不说话。

我曾听人说，有个孩子和自己的父亲将近一年没有说过话。这事儿令我十分震惊，这其实很需要耗费精力，我并不建议以这种方式去反抗父母。

有这么一位老师，在七年半间一直会给学生打电话，但却总是沉默无声。有一天，他的脑海里浮想起了学生的脸，于是那天夜里他像往常一样给学生打电话。电话接通之后依旧是沉默无言。

老师对着话筒叫出了学生的名字："是某某某吗？"

"……是我。"

就这样，两人之间的沉默终于打破，可以开始交流了。虽然这么说很失礼，我想这位老师比较迟钝，另一边的学生也从来没有接到过这么长时间的无声电话吧。

我认为，必须要以清晰明确的语言告诉父母自己的主张，"我希望你们不要干涉我的人生""这是我的人生，我会担负起我自己的责任活下去"。面对孩子如此的主张，有的父母或许会严词反对，有的父母会以泪洗面，或是勃然大怒，又或者会抑郁消沉。不管哪种情绪，父母都会觉得自己必须采取某种行动。

我之所以说要"以语言来主张"是有原因的。如果选择以感情的方式来主张的话，那么可以预见孩子与父母的关系会变得越来越艰难。

有一次我这么问我儿子："你一直都那么率直地说话，拿你怎么办才好呢？"

儿子这么回答我："但是那样更能明确地表达不是更好吗？"

用语言去强调自己的主张和意见，能够将意思明确地传达给对方。也就是说不使用语言的话，是无法把意思传达给对方的。即便明明白白地传达给了对方，对方是否接受这个主张也不得而知。但是，即便父母听了你的观点，感情上排斥你的想法，那你也没必要同样情绪化地哭泣或者愤怒。

不久的将来，肯定会出现想要结婚的对象吧？可以想见到了那个时候，大部分父母是会反对的吧？就算没有表现出强烈的反对，一开始就十分开心且撒手不管的父母毕竟不多见。他们似乎忘记了在自己年轻的时候也被他们的父母亲反对，开始质问子女将来的生活怎么过之类的事情。所谓和谁结婚，这是孩子自己的课题，逻辑上父母不应该介入，也是作为父母无法介入的事情。

最开始，年轻人遭到父母的反对就会把它想象成悲伤凝重的故事。因为在他们眼里，只有两个选择：一是和自己喜欢的人结婚会让父母感到伤心或愤怒，一是放弃和自己喜欢的人结婚则不会令父母感到伤心或愤怒。在他们的想法中，和喜欢的人结婚父母并不会伤心这种情况不可能发生。于是，若真的引发了父母的悲伤愤怒，这也是在意料之中的，他们就会像等待台风过境一般，静静地等待父母的这种混乱状态得到平息。

当然，这是自己的人生。所以我个人认为，为了不让父母伤心而放弃和自己喜欢的人结婚或者和父母中意的对象结婚这种选择是不可能的。但不可否认，这世上也不乏为了让双亲欢喜而放弃和所爱之人结婚的人。这就和父母对孩子说"这都是为你着想"一样，只不过是反例而已。

会做出如此选择也存在其原因。为了双亲而放弃自己所爱之人转而和其他人结婚，将来有一天或许会感到后悔。若有一天你认为假如当初没有听父母的安排就好了，这样你就可以把婚姻的不顺利归责于父母。当然，虽说是因为父母的反对，但没有坚持自己的想法就是孩子本身的责任了。

我们从父母的立场来分析一下。从父母的角度上来看，他们认为孩子正在做一个危险的决定，所以他们要开口干预孩子，要插手孩子的人生。但是，如果干涉了孩子的课题，那么原本孩子本身应负的责任有可能就会转嫁至父母那一方。助长孩子的这种无责任感的行为还是尽早打住吧。

父母干涉子女的婚姻这事儿总能听到很多，干涉孩子的人生、反对孩子的婚姻这种事情，无论何时我都会感到十分震惊。我在想因为父母反对，若孩子日后后悔不幸，那么这件事的责任父母要怎么样去承担并弥补呢？

当然，子女若因为双亲的反对，就放弃自己最开始的决断，这份责任必须由孩子自己来承担。但如果孩子接受了父母喜欢的结婚对象，当婚姻不顺利的时候，也不能责怪父母。

若你不顾父母的反对和心仪的对象结了婚，当婚姻不顺利的时候，亦是不能怪罪于父母身上，只能由自己来承担这份责任与后果，这是同样的道理。因父母的反对就轻易放弃结婚，还是最开始就不要在一起比较好吧？

以上的这些想法若能谨记于心，就会明白作为父母不要紧逼孩子是十分重要的。孩子若不顾双亲的担忧和反对结婚了,事实上若以后真的发生了父母所担心的情况,那么这样也就断绝了孩子回头的路。所以,不妨对孩子表示"假如婚姻不顺利,无论何时都欢迎你回到爸妈身边哦",虽然这些话对即将进入婚姻生活的孩子说出口比较困难,但孩子若能感受到父母的一片心那么最开始也就不会莽撞行事了吧。

我们家门禁很早

　　一定要有门禁限制吗?我们家门禁是八点钟,父母好像觉得八点就已经很晚了似的。每天上完课我马不停蹄地赶回家,也就只能刚刚赶上八点钟。爸爸根本不认为我那个点到家是正常的,每天都觉得我回家太晚了。

规则的制定与目的

和父母交涉一下吧。父母定下门禁时间也是好意，也是出于对子女晚回家的担心。若知道孩子几点会回来的话，父母就会很安心。

这样对父母准备饭也是很有帮助的。知道孩子几点可以回家，就可以尽量卡在那个时间点把饭菜准备好。如果不回来吃晚饭的话打个电话通知一下，这样父母就不用操心你的晚饭了。孩子不回来吃饭的话，晚饭的菜单也会不一样。

原本门禁限制是不属于规则范围内的。理由我之后会说到，但假如门禁限制属于规则的一种，那么就算门禁时间不同，大人和孩子也应该要一起遵守。所谓的门禁时间不同，是因为如果孩子还小的话，大人被要求和孩子遵守同一个门禁时间是不可能的。小学一年级的小孩子门禁时间设为十点也是不可能的，因为他们无法自己承担责任。因此，门禁时间可以不同，但如果门禁只针对孩子而大人则不用遵守，这也是很奇怪的。

此外，所谓规则，原本是必须要明文记载于某处的。不知不觉间决定且没有明记于任何地方的规则是不应该存在的。如果是那样随意的规则，那么大人可以随时随地恣意地规定任何事情。

为什么说门禁不该属于规则范围内呢？举个例子，在某种行为给家族所有成员或者大多数成员造成了实质麻烦的场合下可以制定规则。例如，对于半夜用很大的音量听音乐一事，就可以规定十点半以后音量必须要调小。但是，若因为父母不喜欢就要规定禁止听摇滚，这种情况是不可以的。

只对自己造成影响的行为，例如晚上很晚还不睡之类的事情，是不可以制定规则去要求对方的。九点半回到自己的房间则可以列入规则的范围内。如果这一点被所有人所接受，父母希望孩子晚上早点回到自己的房间的话，从父母的角度出发，就只能以请求的姿态去得到孩子的协助从而把这一条定为规矩。

话说回来，大多数的规则如同前面说的门禁时间一般，是大人为了支配孩子而制造出来的规矩。规则原本是为了维持和运营集体而设。但实际情况是，大多数的规则都和这个目的毫无任何关系。

假如赶不及回家吃晚餐，就要提前通知几点到家这一规定，就合乎这一目的。

大多数校规就和维持、运营集体这个目的毫不相干。例如在走廊上散步时要离墙壁30厘米，在走廊拐弯的时候必须拐直角弯等规定。我不认为这类规定的制定有合理的依据。只有成绩在前三十名的同学才可以谈恋爱的规定就更是可笑至极。那如果成绩下滑的话，就必须要停止恋爱了是吗？

前文围绕阿德勒心理学中所谓中性的行为进行了解释：对于

中性行为，因为其结果只波及本人，所以要尊本人的意愿。但肯定仍会有大人想要介入其中，而且介入的手段并不高明，导致孩子尤其是青春期的孩子们会强烈地反叛这种干涉。

那要怎么办才好呢？首先，没有被要求就不要介入。若无论如何都无法遏制想要干涉的想法的话，那么你只能征询孩子"有什么我可以做的吗？"对于提供帮助的提议，如果孩子同意了，那么尽管这是孩子自身的课题，也会变成父母和子女双方的共同课题。如果没有这一步骤，突然干涉孩子自身课题的话，就会变成帮倒忙了。

这种情况不只发生在亲子关系之间，老师和学生之间的关系亦是一样。学习是孩子自身的课题，就算孩子不学习父母也可以静观其变，虽然实际上这样的父母比较少。但是老师就不一样了，尽管学习是孩子自身的课题，但老师却不能将不学习的责任归在孩子身上。如果有学生无心学习，老师就必须想办法让他们专心起来。

此外，在医疗方面，服药虽是患者自身的课题，但若不遵从服药的指示对患者来说会产生致命的后果。所以在这种情况下，是否服药就不能尊重患者本人的意思。

对于中性行为，有以下三种方法可以解决。

方法一，顺其自然。但若结果会危及生命，此方法则不可行。突然冲出马路的话有可能被车子撞飞，这是不推荐顺其自然的。

我儿子有段时间在冬天的时候也只是穿着半袖、短裤，甚至连袜子也不穿。所以在每次骑自行车送他去托儿所的路上，总会有很多人指责我"怎么能让孩子穿成这样"之类的。我要是和他们解释，穿什么是由孩子自己决定，恐怕没人会理解。

因为被其他人指指点点了，身为父母就要采取某种行动，这只是借口。不能因为父母觉得羞耻，就要求孩子在寒冷的天气一定要穿上长袖衣裳。在真的非常寒冷的时候，我儿子自己翻出了厚实的T恤衫穿上了。这就是所谓的自立。

年轻人有时候会因为父母的过度保护而感到困扰。这也可以说是束缚孩子的一种表现。父母的过度保护会让孩子无法靠自己的力量去决定自己的事情。

从我自身的经验来说，让我想起来以前下雨天的时候，母亲总是唠唠叨叨地要我穿上雨衣出门。

那是我上小学时候的事情。水田中间的一条小路没有任何遮蔽物，如果在大风暴雨的日子走那条路，光撑伞肯定会被淋成落汤鸡。但是，那段时间学校要求集体上学，所以大家会先在镇子上的集合点集合。说来可能没人相信，到集合点的那条路竟然意外地风势雨势都比较弱。所以同学们都没有穿雨衣。我印象中没有发生过别人会因为你穿雨衣而嘲笑你的事情,但是那个打扮真的不好看对吧?母亲强迫我一定要穿雨衣这个行为,对当时的我来说就是一种过度保护。正因为我自己经历过这样的事情,所以在我成为父母的时候,我决定不这样做。

方法二,交给社会规则来约束。例如,在我上大学的时候,十五节课中如果有五次缺席,就不能参加考试。所以,老师根本不用费心费力地让学生来上课。

但是,要让规则去约束结果有一个先决条件,那就是这个规则是否适当,是否能够恰当地被运用。

首先,规则的制定是否全员都参与其中了呢?至少必须要有参与的意识。在大家都不知道的情况下制定出来的规则,是无法令人遵守的。

其次,不能有例外或是特权阶级。如果存在着不遵守这些规则也可以的人,就不会形成遵守规则的风气。例如,孩子有门禁时间限制但大人却没有,孩子就不会主动想要去遵守。就算规定的时间不同,假如对孩子有门禁要求,那么大人也应当要有。

至于第三个方法,我在前面也说过,为了实现维持、运营集体这一目的,规则是很有必要存在的。实际上,很多规则都和这个目的毫不相关,仅仅只是大人为了支配孩子,老师为了支配学生而制定的。

处理中性行为的第三个方法就是，在实际结果产生之前，通过沟通帮助对方对结果进行预测。例如，对不学习的孩子说"你再这样下去你觉得将来会成什么样呢？"这种方法对上小学之前的孩子来说具有危险性。因为小孩子对这样的内容是似懂非懂的。

此外，对于中学之后的孩子来说，采取这种说话方式也比较困难。"你再这样下去你觉得将来会成什么样呢？"这种说话方式听上去就会带有威吓、讥讽、挑衅的意味。不造成那样紧张、不和谐的关系，可以说是养育孩子的目标。

因此，首先需要分清楚这到底是属于谁的课题。若不清楚是属于谁的课题，那么就有可能产生干涉他人或是自己的课向他人寻求帮助的情况，易导致人际关系恶化。在做心理咨询的时候，必须先整理清楚是谁的课题才能够开始。可以说，做好了这一步骤，基本上可以解决大部分问题。

话虽如此，但充分判断属于谁的课题并不是我们的最终目的。人是无法独自生存在这个世界上的，互相帮助着生存下去才是最终目标，为此才会有不同的课题。

父母从孩子很小的时候就一直看着孩子成长，小孩子们无法靠自己的力量做任何事情，因此父母必须要照顾孩子。虽然这是很艰辛的事情，但却能给父母带来奉献感。但是，不知不觉孩子长大了。不需要借助父母的力量，也可以完成大部分事情。作为父母可能是没有察觉到，也可能是并不想察觉到这一点，直到有一天，他们亲眼看到孩子成长的时候，本来应该由衷的喜悦却变成了某种怅然若失的心情。明明让孩子自立才是培育孩子的目的。

父母并没有对孩子的成长由衷地感到喜悦，一边掌控着孩子，另一方面身为成年人却说一些前后矛盾的话。曾经有一对父母为了孩子的事情来做心理咨询，年轻的孩子无视父母的压力，硬是要过自己所选择的人生。我当时表态支持孩子的立场结果却惹得那对父母不高兴了。

平时经常被父母束缚而产生诸多不满的年轻人，他们会经常来问我该怎么对父母尽孝，这一点总是令我十分震惊。我希望作为父母都能够明白一点，孩子其实并不想要反抗自己父母亲，他们也想要和父母关系融洽、友好相处。

父母对孩子不关心

　　我妈妈对我的事情毫无兴趣，回家之后她从来不会问我关于学校或者打工兼职的事情。反过来她会不断地对我说一些她自己职场上的烦恼之类的事情。我当然认真倾听妈妈的话，但是我也希望妈妈能够倾听一下我的事情，但是她却什么都不问。该怎么办才好呢？

不要对父母有所期待比较好

你可以这么想，反正迟早都要离开父母身边，还是不要对父母有所期待比较好。现在回头想想，我父亲是否关心过我在学校里的事情，我还真想不起来了。

虽然我认为父亲平时对我不够关心，但是快要考大学的时候，他大概从母亲那里听闻我想要读哲学专业。他并没有直接来找我商谈，而是通过母亲之口让我放弃读哲学专业。这件事情后来也并不是父亲自己和我说破，而是从母亲那里听来的。父亲完全不了解哲学是一门怎样的学问就提出反对，我心情复杂地按照父亲说的去做了。但这件事让我明白了，父亲对我并非是完全不关心。

后来，父亲责难我到底什么时候能找份正经工作。但当我知道原来父亲偷偷地读完了我所写的书，我真的很惊讶。至今为止我也不知道他是否能够理解我所写的书，但是反过来站在父亲的角度来看，我想他正是通过孩子写的书来了解孩子眼下所关心的事情，从而来表达自己的关心。

父母对自己的事情丝毫不关心是一件令人痛苦的事情吧？如果希望父母对自己能够关注，我想就只有把这份想法传达给对方这一个办法可行了。对所有事情都保持沉默，是无法将自己的心意传达给对方的。虽然有可能和父母沟通之后他们的态度也不会有任何改变，但是还是请试试看吧，试着告诉父母"请多关心我的事情,请多聆听我的话语"。

孩子想了那么多,父母那边也有可能完全不知情。父母有可能完全没有注意到自己的言行。如果家中有兄弟姐妹,父母可能更多地关注其他孩子,甚至在遣词上、在对待孩子的方式上都有所不同。而作为家长可能完全没注意到这一点。

向父母表达希望他们多关心一点自己,有可能父母对自己态度会改变,不会发生之前关于"门禁"那样的极端情况。虽然过度干涉会让人很烦恼,但是孩子只有先走出这一步才会知道父母会做何反应。

有的人会认为,说出来可能会造成误解,所以还是保持沉默比较好。而且他们认为比起感情化、责备父母,还是保持沉默最为理想。但是,从长远的角度来看,这会损害人际关系。为什么这么说呢?因为人们并不知道默不作声的人到底在想些什么,所以很难对这种人有好感。

此外,默不作声的人不会表达自己到底想怎么样,而当事态朝着自己不希望的方向发展时也无法阻止。到时候你再发表任何意见就都太晚了。

人如果拥有心灵感应这种超能力的话,那么不需要开口便能把所思所感传达给其他人。事实上这是绝对行不通的。因为有些人会理所当然地认为,我就算不说话其他人也应该明白我的想法、我的感觉。这一类人本该也明白他人保持沉默时的想法，相互体谅对方。但事实上他们会把责任推在他人头上，"我虽然什么都没说，但你不知道我有多痛苦吗？你不知道我有多受伤吗？"

重视体贴和照顾的关系并不能称之为对等关系。因为这是以对方明白你无法说出口的意思为前提的。实际上，如果他人有想要主张的事情，应该是能够张口的。因此，如果没法说出来，那肯定是一些得罪人的话。

我们应该努力去了解他人的所思所想，也要努力不要说一些出口伤人的话，但总会有不知不觉间伤害到他人的时候。如果被伤害了就不应该保持沉默，如果不将自己的心情传达给对方，对方便无法知晓。在对方完全不知情的情况下就给对方判了死刑，我想这也不是一个聪明的办法。

如果你并没有对母亲表达过自己的心情，那么我希望你能够对她说"也请听听我说的话，我想要你多关心我一些"。

如果你已经表达过许多次但毫无效果，母亲的态度依然没有改变的话，或许在表达方式上还有改进的余地。不管父母有多大的错，一味反抗并无法将你的想法传达给他们。即便你的想法传达过去了，双方也会陷入对错之争，而无论如何父母都不会承认自己的错误。因为一旦承认错了便是输了。

停止这种一味地让对方肯定自己想法的说话方式吧。在这个案例中,你希望母亲能够倾听你的话,对吧?但这份心情您母亲亦是相同。一般来说,希望别人认同自己的想法,同时你也要认同对方的想法才行。

为了让对方能倾听你说话,有必要费一番功夫。"我知道你很疲惫了,但如果能听我说两句的话我会很高兴的(可以听我说说话吗)?"类似这样使用假定句和疑问句的说话方式,给对方留有拒绝的余地。如果真的被拒绝的话,也可以说一句"那下次吧"作为退路也不错。

此外,说到"母亲对我的事情毫无兴趣"这一点,你确定真的不感兴趣吗?我想如果对孩子没有丝毫的兴趣和关心,那么应该连话都不会愿意多说。只有父母喋喋不休地说自己的事情确实是令人很困扰,做心理咨询也总是倾听前来咨询的人说话。他们找人倾诉,并不是随便找个可以倾听的对象,他们选择倾诉的对象是不会横加评判,能够仔细倾听到最后,并且可以信赖的人。

寻求自立的勇气

我们需要的是勇气。站在孩子的角度和父母来往时,不管到了什么年纪,改变的只有孩子。没有必要一定要做"好孩子"。不符合父母的期待也可以。好也罢坏也罢,对孩子来说父母都是伟大的存在。但希望孩子还是能够从伟大的父母身边独立出来，自由地生活。不管父母如何期待如何希望，孩子都只能过自己的人生。

我的意思并不是担心父母对孩子过分依赖或者溺爱，而是有父亲这样一个伟大的存在挡在身前，无论何时都没法展现一个真实的自己。母亲重病那会儿我长期陪护在病床前，但母亲临终的时候我却没能陪伴在她身边。后来父亲对我说，我当时看起来像是想要跟着母亲一起去了似的。那时候的我就是那么的憔悴。

那时候，我如果对父亲说"我太累了，要住院"或者"我不想参加葬礼，让我一个人待着吧"，我想父亲肯定不会强迫我出席葬礼。但是我想我应该让众人看到母亲去世了但依然镇静的我。所以，最终我还是参加了葬礼。我在葬礼上没有流眼泪，尽管已悲痛万分。我觉得不该在人前展现脆弱的自己。我只在意别人会怎么看我，没办法接受真实的自己。如果不能同时接受优秀和脆弱的自己，那么就无法接受真实的自己。

那之后过了十来年，有一天我做了一个梦。我梦到自己醒来，家里微微发暗，就在我想着这是快要天亮还是傍晚的时候，隔壁屋子传来了声音。那是父亲的声音。

我突然想起来，对了，今天是母亲的葬礼。

我去父亲的房间，父亲对我说："啊，你起来了啊。"在那个梦里，母亲的葬礼已经结束了，而我始终没有出席。

父亲对我说："我想你母亲的骨灰马上就要烧好了，你能去取一下吗？"我想这点小事我还是可以做的，于是我回答道："知道了，我这就去。"以上就是梦境的所有内容。

这对我来说是一个很重要、很有意义的梦境。在梦中我并没有出席母亲的葬礼。与现实相反，我应该是对父亲说了"我不想参加葬礼"吧。终于承认我其实不想参加葬礼又或者是接受了那个不想参加葬礼的自己。

这个时刻我终于从父母身边独立开来。

花了十年的时间。

之前经常出现在我梦中的母亲，也不再来造访我的梦了。

后记

在刚开始策划这本书的时候，我脑子里最先浮现出的是神经科医生赖藤和宽先生所著的《(定本)赖藤和宽的人生应援团(产经报纸的新闻服务)》一书。这本书汇集了在报纸上连载过的替人开解人生的内容。说话毫无顾忌但却洋溢着幽默感的回答令人读起来具有趣味性。为了有一天我也能够不论面对何种难题都能恰当地做出回答，我想我得更努力地钻研和积累人生经验才行。

这次，当我再次拿起这本书时，我震惊了。赖藤先生因为身患癌症五十三岁就去世了。而我早已过了那个年纪。

以前，前来找我做心理咨询的人当中，有一个长得酷似福山雅治的年轻人。有一天在做心理咨询，正当我们非常详细地说到一对男女最开始如胶似漆之后如何感情破裂的时候，这位年轻人突然打断了话题，嘟囔道："老师也是经历过人生修罗场的人呢。"

那时候仿佛当头一棒，十多年的心理咨询经验多少也能让我称得上是"了解"吧？

当然，这是一个玩笑话。虽然我也算经历过"死而复生"一事，但人生算不上波澜壮阔，若没有这十多年的心理咨询经验，怕是连说话的资格都没有。

关于教育孩子这一点，我在念研究生的时候也曾"研究"过一番并写了一篇论文。现在看看那篇文章，也看不出来其实我完全没有和孩子生活在一起的经验。

但是，即便对养育孩子经验丰富，最初经历了一系列的错误，多年后得到了养育孩子的相关知识，但也不能说能和孩子搞好关系。要是这样的话，那么就没有人为了培育孩子一事而烦恼了吧？

此外，如果人随着年纪越大经验越丰富，必然变得越来越聪明，那么也就没有孩子会烦恼和上了年纪的父母之间的关系了吧？

仅仅靠积累经验是无法学习的，不是踏踏实实地学习知识便无法为己所用。

阿德勒认为，没有经验的治疗师会用一些例如"你没有集体意识""你有自卑的情绪"之类的说话方式给患者上课,这对患者来说有害无益。没有任何一个案例是完全相同的,所以也不应该用套模子的解释。这样也会给咨询者留下"只要治疗师的一句话就能解决所有问题"的错误想法。

因此,秉持着阿德勒的劝诫,本书并不会像大多数的人生咨询一般,读完之后对问题仍毫无头绪,本书意在教会大家平明易解的生活方针。漫无计划地解决问题可能会让问题变得更加错综复杂,但只要抓住了这个方针,假以时日最终可以解决问题。

所谓方针,简单来说即是"活在当下（right here and right now）有想做和应做之事,且从能做之事开始"。

读完本书之后若您对阿德勒心理学感兴趣,想要再了解一些理论知识的话,若愿意再看鄙人的其他拙作——《被讨厌的勇气:"自我启发之父"阿德勒的哲学课》《幸福的勇气:"自我启发之父"阿德勒的哲学课2》《像阿德勒一样思考和生活》的话,不胜荣幸。

在此也非常感谢已替我编辑出版了三本书的寺口雅彦先生,非常感谢。

2010 年 7 月 19 日
岸见一郎